云南轿子山野生植物图鉴

王焕冲　任正涛　赵昌佑　主编

科学出版社

北京

内 容 简 介

本书基于编者团队近年来在云南轿子山野外调查的成果编写而成。全书收录代表性植物 870 种（含种下分类单位），隶属于 122 科 444 属，其中石松类与蕨类植物 11 科 26 属 40 种，裸子植物 5 科 8 属 12 种，被子植物 106 科 410 属 818 种。所有类群均按最新的分类系统排列，科内物种按拉丁名字母排序。每种植物均配有 1 至数幅具有鉴别特征的彩色照片，辅以简要的形态特征描述和生境信息。书后附有中文名索引和拉丁名索引，便于读者查询。

本书可供高等院校师生在轿子山开展植物学相关专业野外实习时使用，也可供植物学、生态学等领域的研究人员、相关部门管理工作人员和自然爱好者参考。

图书在版编目（CIP）数据

云南轿子山野生植物图鉴 / 王焕冲，任正涛，赵昌佑主编. —北京：科学出版社，2023.3
　　ISBN 978-7-03-073862-2

Ⅰ. ①云… Ⅱ. ①王… ②任… ③赵… Ⅲ. ①雪山－野生植物－云南－手册 Ⅳ. ①Q948.527.4-62

中国版本图书馆CIP数据核字（2022）第220243号

责任编辑：王海光　王 好 / 责任校对：郑金红
责任印制：吴兆东 / 封面设计：无极书装

科 学 出 版 社 出版
北京东黄城根北街 16 号
邮政编码：100717
http://www.sciencep.com
北京捷迅佳彩印刷有限公司 印刷
科学出版社发行　各地新华书店经销
*
2023年3月第 一 版　开本：890×1240 1/32
2023年3月第一次印刷　印张：11 1/8
字数：362 000
定价：180.00元
（如有印装质量问题，我社负责调换）

《云南轿子山野生植物图鉴》编委会

主　任　张映华　肖　蘅

副主任　张志明　和兆荣　马玉春　徐正雄

主　编　王焕冲　任正涛　赵昌佑

副主编　刘绍云　胡春相

编　委（按姓氏汉语拼音排序）

党增艳　付　坤　何银忠　黄强椿　李萍萍

李世刚　李天禄　刘金丽　鲁　华　罗　华

马如彩　皮忠旭　王昌洪　王秋萍　王婷婷

王文礼　吴明升　武　云　闫永亮　杨　凤

叶婧怡　曾内荣　张　余　张武群　周朝梅

其他参加考察和协助编写人员（按姓氏汉语拼音排序）

柏智刚　曹发伟　黄　金　蒋德磊　李　锥

李华婷　李维芬　陆　容　罗　贤　皮臣俊

普春福　瞿雨蝶　邵登才　苏　强　王祥云

王燕鹏　肖　凤　许天伟　杨玺民　杨永倩

张尚飞　张思帆　张文伟　张晓蕊　周　蓉

编委会成员单位

云南大学

云南轿子山国家级自然保护区管护局

前　言
PREFACE

　　轿子山位于云南省北部，距省会昆明 160 多千米，地处禄劝彝族苗族自治县和东川区的中间地带，坐落于金沙江南岸的两条一级支流——小江和普渡河之间，整个山体属于拱王山系。最高点位于东川火石梁子的雪岭，海拔 4344.1 m，为滇中第一高峰，是我国青藏高原以东地区海拔最高的山地之一，也是北半球该纬度带上最高的山地之一；最低点位于小江与金沙江汇合处，海拔仅 695 m，相对高差达 3649.1 m。

　　丰富的植物资源、多样的植被类型、典型的垂直带谱，使轿子山成为生态学与生物学野外实习的极佳地点。近年来，云南大学与云南轿子山国家级自然保护区持续加强实习基地协同共建工作，致力于将轿子山打造成面向省内外高校开放共享的优质实习平台。随着实习基地建设工作深入，对高质量实习参考书的需求日益紧迫。为了便于加强野外实习中对物种的认知，提高鉴定植物的效率，保障实习质量，我们共同编写了本书，希望能帮助读者更加直观、快捷、方便地鉴定植物，认识植物多样性，感受植物之美。

　　本书所涉地理范围不单指云南轿子山国家级自然保护区，而是整个轿子山地区。全书选取了轿子山常见和代表性维管植物 122 科 444 属 870 种（含种下分类单位），其中石松类与蕨类植物 11 科 26 属 40 种，裸子植物 5 科 8 属 12 种，被子植物 106 科 410 属 818 种。物种中文名和拉丁名主要与我们编写的《滇中地区种子植物名录》一书一致，并参考《中国植物志》、《云南植物志》、*Flora of China* 等权威分类学著作。全书石松类与蕨类植物科的范畴和排列顺序依据 PPG I（Pteridophyte Phylogeny Group I）分类系统，裸子植物依据 Christenhusz 系统（2011），被子植物依据 APG IV 系统（2016）排列，科内物种按拉丁名字母排序。每种植物展示 1 至数幅具有花果等鉴别特征的彩色照片（石松类与蕨类植物为孢子期照片），配以简要的形态特征和生境等文字信息。由于篇幅限制，文字信息尽量简洁，若需要更详细的描述，建议进一步查阅相关植物志和文献。

　　本书的编写由集体协作完成，课题组研究生以及云南轿子山国家级自然保护区管护局的同志做了大量具体工作，特别是在野外调查、标本制作、数据整理等方面，没有他们的长期支持，这项工作是无法顺利完成的，在此深表感谢！

　　本书从准备到出版断断续续花费数年时间，书中照片大多由我拍摄，物种鉴定亦由我把关。书稿虽经反复核对检查，但正如古人所言，"校书犹扫落叶，随扫随有"，书中难免还有不足之处，恳请有关专家和读者不吝指正，以便进一步完善本书。

　　最后，衷心希望本书能为读者学习和工作带来便利！

王焕冲

2022 年 5 月于云南大学植物标本馆

目 录
CONTENTS

自然环境概况

1. 地理位置

轿子山也被称为轿子雪山或乌蒙山，因主峰峰顶似花轿而得名。轿子山位于云南省北部，距省会昆明 160 多千米，地处禄劝彝族苗族自治县和东川区的中间地带，坐落于金沙江南岸的两条一级支流——小江和普渡河之间，整个山体属于拱王山系。行政区划上涉及禄劝彝族苗族自治县东部的雪山乡、乌蒙乡、转龙镇和中屏镇，以及东川区西部的舍块乡、汤丹镇和红土地镇。最高点位于东川火石梁子的雪岭，海拔 4344.1 m，为滇中第一高峰，是我国青藏高原以东地区海拔最高的山地之一，也是北半球该纬度带上最高的山地之一。整个轿子山范围内海拔超过 4000 m 的山峰共有十余座，除雪岭外还有马鬃岭（4247 m）、白石岩（4242 m）、轿子峰（4223 m）、狐狸房（4206 m）等。最低点位于小江与金沙江汇合处，海拔仅 695 m，与最高点高差达 3649.1 m。

2. 地质和地貌

轿子山是由断层抬升而来的年轻山地，主体由坚硬的玄武岩构成，山形陡峭，东西南北均有几百米至上千米的陡壁。从地质构造的角度来看，轿子山地区位于欧亚板块和印度板块碰撞带边缘，扬子地台西部、康滇地轴与滇东台褶带的交界区，地质构造较为复杂。整个轿子山刚好处于普渡河断裂带以东，小江断裂带以西。根据大地构造单元划分，轿子山地区位于一级构造单元扬子准地台的西南部，所属二级构造单元为滇东台褶带，三级构造单元为昆明台褶束，四级构造单元为嵩明台隆，大地构造性质属于褶皱基底上的长期坳陷区。区内地质历史久远，古元古代、中元古代、新元古代震旦纪、寒武纪、二叠纪、三叠纪、侏罗纪、第四纪等地质年代的地层在轿子山均有出露，但缺失奥陶纪、志留纪、泥盆纪、石炭纪和白垩纪等地质年代的地层出露。轿子山地区出露最古老的地层为震旦系，出露面积最大的地层为寒武系和二叠系。二叠纪及其以前的地层，均为海相沉积地层，二叠纪以后结束了海洋沉积环境，发育陆相地层，包括河流相、湖相、冰川相等。

轿子山地区的地貌是一种多元化、多层次的组合地貌，地貌类型结构复杂多变。地势中部高，向东西两侧呈阶梯状下降，河谷切割较深，高差相对较大，区内地貌大格局受构造控制明显，构造地貌、玄武岩台地、灾害地貌、第四纪冰川遗迹广布，古冰川遗迹冻土地貌较为发育。

3. 气候、水文和土壤

在地理位置、大气环流和地势等因素的综合影响下，轿子山地区气候总体上具有亚热带山地季风气候的典型特点。夏秋两季受西南和东南暖湿气流控制，气温高，降水多；冬春两季受南支西风气流和偏北干冷气流的交替控制，气温低，降水少。气候的垂直分异也十分显著，随着海拔的升高，气温和降水等发生规律性变化，形成各垂直自然带的不同水热条件。从普渡河及小江河谷到最高峰雪岭，年平均气温由21.0℃降至0.0℃左右，年降水量由700.0 mm左右递增到1600.0 mm左右。轿子山地区以北亚热带为水平基带，由此向上依次发育有山地暖温带、山地中温带、山地寒温带和山地寒带，向下则依次为河谷中亚热带和河谷南亚热带，构成一个典型完整的山地垂直气候带系列。同一气候带内，阴坡与阳坡，迎风坡与背风坡，山顶、山脊、山腰、河谷和箐沟，小气候也存在显著差异。这些复杂的气候因素为生物多样性的发育演化奠定了优越而多样的生境条件，并形成了迥然不同的垂直自然景观带。

轿子山山体高大，许多山峰和最高一级夷平面均超过4000 m，山体上部区域降水丰富，年降水量大多在1500～1700 mm，是区域内重要的水源地。山间多溪涧与河流，均属金沙江水系，由一级支流小江水系和普渡河水系构成，两者之间以拱王山山脊为分水岭，东部属小江流域，西部属普渡河流域。由于山体高大，河流大多发源于轿子山中上部，整体水系呈放射状，汇入普渡河的支流主要有基多小河、舒姑小河、乌蒙河、洗马河等，汇入小江的支流主要有黄水箐、小清河、块河、乌龙河等。轿子山山顶夷平面保存较好，地势较平缓，经冰川作用形成了许多冰蚀洼地、冰蚀槽、冰斗等冰蚀地形，部分凹地在冰后期积水即形成冰蚀湖泊。冰蚀湖泊主要分布在海拔3000～3950 m的区域，数量近百个，但面积都不大，主要有轿子山附近的木梆海、天池，舒姑槽子的小海，狐狸房北部的大精塘、双塘子等。

轿子山土壤资源丰富多样，从海拔1000 m以下的河谷地带到海拔4344.1 m的最高峰雪岭，分布着燥红土、红壤、黄棕壤、棕壤、暗棕壤、棕色针叶林土、亚高山草甸土、石灰土、紫色土、沼泽土等10余个土类，其中以棕壤、暗棕壤、亚高山草甸土、棕色针叶林土4个土类的面积最大。复杂多样的土壤资源为各类植物群落及珍稀濒危物种的形成和演化提供了多样而有利的土壤生态条件。

4. 植被

1）植被多样性

轿子山地区由于山高谷深，地势反差较大，垂直气候明显，给植物的生存提供了多样化的生境，发育了极其多样的植被。除了滇中高原代表性的地带性植被半湿润常绿阔叶林，在普渡河、小江等河谷地带分布有典型的干热河谷植被类型，在亚高山、高山地带发育有典型的寒温性植被类型，植被类型丰富多样，具有我国西南地区除雨林等典型热带植被以外的完整植被垂直带谱。

按照《云南植被》等专著的分类原则和分类体系，在整理野外实地调查数据和综合文献资料的基础上，可以将轿子山的植被分成 9 个植被型 21 个植被亚型 47 个群系，多样性非常丰富，具体见表 1。

表 1　轿子山地区主要植被类型简表

I. 季雨林

　一、落叶季雨林

　　　1. 白头树、光叶合欢林（Form. *Garuga forrestii*，*Albizia lucidior*）

II. 常绿阔叶林

　一、半湿润常绿阔叶林

　　　1. 滇青冈林（Form. *Cyclobalanopsis glaucoides*）

　　　2. 元江栲、滇石栎林（Form. *Castanopsis orthacantha*，*Lithocarpus dealbatus*）

　　　3. 滇石栎林（Form. *Lithocarpus dealbatus*）

　　　4. 黄毛青冈林（Form. *Cyclobalanopsis delavayi*）

　二、中山湿性常绿阔叶林

　　　1. 野八角林（Form. *Illicium simonsii*）

　　　2. 白穗石栎林（Form. *Lithocarpus leucostachyus*）

　　　3. 白穗石栎、滇石栎林（Form. *Lithocarpus leucostachyus*，*Lithocarpus dealbatus*）

　　　4. 多变石栎林（Form. *Lithocarpus variolosus*）

　三、山顶苔藓矮林

　　　1. 云南杜鹃林（Form. *Rhododendron yunnanense*）

III. 硬叶常绿栎类林

　一、干热河谷硬叶常绿栎林

　　　1. 铁橡栎林（Form. *Quercus cocciferoides*）

　　　2. 锥连栎林（Form. *Quercus franchetii*）

　　　3. 光叶高山栎林（Form. *Quercus pseudosemecarpifolia*）

　二、寒温山地硬叶常绿栎林

　　　1. 黄背栎林（Form. *Quercus pannosa*）

　　　2. 长穗高山栎林（Form. *Quercus longispica*）

　　　3. 帽斗栎林（Form. *Quercus guyavifolia*）

IV. 落叶阔叶林

　一、落叶栎类林

　　　1. 栓皮栎、槲栎林（Form. *Quercus variabilis*，*Quercus aliena*）

　二、桤木林

　　　1. 旱冬瓜林（Form. *Alnus nepalensis*）

续表

续表

　3. 锈红杜鹃灌丛 （Form. *Rhododendron bureavii*）

　4. 高山柏灌丛 （Form. *Juniperus squamata*）

　5. 小果垂枝柏灌丛 （Form. *Juniperus recurve* var. *coxii*）

二、暖性石灰岩灌丛

　1. 金花小檗、铁仔灌丛 （Form. *Berberis wilsoniae*，*Myrsine africana*）

　2. 华西小石积、须弥茜树灌丛 （Form. *Osteomeles schwerinae*，*Himalrandia lichiangensis*）

　3. 睫毛萼杜鹃灌丛 （Form. *Rhododendron ciliicalyx*）

三、干热灌丛

　1. 云南饿蚂蝗灌丛 （Form. *Ototropis yunnanensis*）

　2. 疏序黄荆灌丛 （Form. *Vitex negundo* f. *laxipaniculata*）

四、暖性土山灌丛

　1. 火棘灌丛 （Form. *Pyracantha fortuneana*）

IX. 草甸

一、亚高山草甸

　1. 草血竭、嵩草草甸 （Form. *Polygonum paleaceum*，*Kobresia myosuroides*）

　2. 委陵菜、马先蒿草甸 （Form. *Potentilla* spp.、*Pedicularis* spp.）

二、高山流石滩疏生草甸

　3. 小垫柳、丛菔、心果半脊荠草甸 （Form. *Salix brachista*，*Solms-laubachia pulcherrima*，*Hemiolophia cardiocarpa*）

注：Ⅰ、Ⅱ、Ⅲ……为植被型编号，一、二、三……为植被亚型编号，1、2、3……为群系编号。

2）植被垂直分布规律

随着海拔的垂直变化，生态环境的水湿条件也发生规律性变化，植物群落也发生相应的垂直渐变，轿子山发育了完整的植被垂直带谱，具体如下。

（1）亚热带干热河谷植被带

亚热带干热河谷植被带主要分布于海拔 1500 m 以下的普渡河河谷、金沙江河谷、小江河谷。气候类型属南亚热带半干旱气候，降水较少，蒸发量较大，属半干旱地区。河谷谷底区域原生植被为落叶季雨林，不过该类植被在轿子山地区已经很少，仅在局部区域有斑块状残留，这类群落的乔木层代表性物种有白头树 *Garuga forrestii*、木棉 *Bombax ceiba*、光叶合欢 *Albizia lucidior* 等。现状植被主要是以黄茅 *Heteropogon contortus*、车桑子 *Dodonaea viscosa* 为特征种的稀树灌木草丛，草本层上散生锥连栎 *Quercus franchetii* 这类耐干旱的硬叶型常绿栎类树种，其他较为优势的种有毛莲蒿 *Artemisia vestita*、云南饿蚂蝗 *Ototropis yunnanensis* 等。在一些陡坡和石山，也分布有少量干热河谷硬叶常绿栎林，以铁橡栎 *Quercus cocciferoides* 林与锥连栎 *Quercus franchetii* 林为代表，不过由于人为活动的影响，生境常斑块状破碎。在河谷局部区域，可见到黄毛青冈 *Cyclobalanopsis delavayi* 林，属于半湿润常绿阔叶林中适应干旱生境的类型。在干旱的石灰岩山坡上，常见到以短柄铜钱树 *Paliurus orientalis*、毛核木 *Symphoricarpos sinensis* 等为标志种的灌丛。

（2）亚热带山地半湿润植被带

亚热带山地半湿润植被带主要位于海拔 1500 ～ 2300 m，气候类型属北亚热带低纬高原湿润季风气候，具有半湿润的特点。地带性植被是半湿润常绿阔叶林，以滇青冈林、滇石栎林最为普遍。不过现状植被以亚热带山地针叶林中的云南松林分布面积最大，还有小面积华山松 *Pinus armandii* 林、云南油杉 *Keteleeria evelyniana* 林等。在村寨附近的箐沟和潮湿山坡，常见有旱冬瓜 *Alnus nepalensis* 林，兼具薪柴和绿化保水之效。山地灌草丛的种类更为多样，标志性的物种有碎米花 *Rhododendron spiciferum*、珍珠花 *Lyonia ovalifolia*、矮杨梅 *Myrica nana* 等。石灰岩灌丛以铁仔 *Myrsine africana*、金花小檗 *Berberis wilsoniae*、须弥茜树 *Himalrandia lichiangensis* 为标志。长穗高山栎 *Quercus longispica* 林也在该植被带内有分布。

（3）暖温带性中山湿性植被带

暖温带性中山湿性植被带主要位于海拔 2300 ～ 2900 m，气候类型属山地中温带湿润季风气候，降水量充沛，空气湿度大，气候以温凉潮湿为主要特征。植被为中山湿性常绿阔叶林，以野八角 *Illicium simonsii* 林、白穗石栎 *Lithocarpus craibianus* 林、多变石栎 *L. variolosus* 林为代表。该植被带的有些区域，中山湿性常绿阔叶被砍伐破坏后会萌生形成介于森林与灌丛间的灌木林，成为通向中山湿性常绿阔叶林的近期阶段。寒温性硬叶常绿栎类林也是本植被带的重要成分，黄背栎 *Quercus pannosa* 林和长穗高山栎 *Quercus longispica* 林常成片分布。中山草甸（局部为中山灌草丛）在这一植被带分布面积较大，以滇川画眉草 *Eragrostis mairei*、野青茅 *Calamagrostis arundinacea* 为标志，在放牧条件下成片分布，间或在此草甸上散生多种杜鹃属灌木，呈矮灌丛草甸混交的植被外貌。在玄武岩多石的山坡多见矮高山栎 *Quercus monimotricha* 灌丛，高仅 30 cm，地毯状覆盖地表，其上偶见散生云南松 *Pinus yunnanensis*。人工林以华山松 *Pinus armandii* 林为主。

（4）寒温性亚高山湿性植被带

寒温性亚高山湿性植被带主要分布在海拔 2900 ～ 3900 m 的亚高山、高山地带，气候类型属于山地寒温带湿润季风气候，气候冷湿，云雾多，冷、湿特征显著。标志性植被为寒温性针叶林，在轿子山以急尖长苞冷杉 *Abies forrestii* var. *smithii* 林为代表，未发现有云杉林、落叶松林等类型。此外，温凉性针叶林（如高山柏林、高山松林等）在轿子山也较为常见。冷杉林破坏后形成箭竹 *Fargesia* spp. 灌丛。杜鹃 *Rhododendron* spp. 灌丛是该植被带植被的重要成分，类型多样，由多种杜鹃组成，如腋花杜鹃 *R. racemosum*、

红棕杜鹃 *R. rubiginosum*、云南杜鹃 *R. yunnanense*，多毛杜鹃 *R. polytrichum*、弯柱杜鹃 *R. campylogymum* 等。寒温性硬叶常绿栎类林和亚高山草甸也是该植被带的重要组成部分。

（5）寒性高山湿性植被带

寒性高山湿性植被带主要分布于海拔 3900 m 以上的高山地带，气候类型属于山地寒带湿润季风气候，寒、湿特点显著。植被带内岩石出露，土层浅薄。植被以高山草甸和高山灌丛为主。在东川白石岩一带，发育有高山流石滩疏生草甸，是该类植物群落在云南分布的东界。

5. 植物区系

1）区系地理区位

轿子山所处的云南高原东北部，恰好地处中国植物区系的重要中间点，区域以东是中国—日本森林植物亚区，以西则是中国—喜马拉雅森林植物亚区；南接典型的热带及亚热带植物区系，往北则逐渐过渡为温带植物区系，因此植物区系中替代和过渡现象极为显著，是区系地理中东西交汇和南北相通的关键区域；同时该区域亦是联系川东—鄂西、滇黔桂和横断山中国三大生物多样性特有中心的关键地区和过渡地带。古地中海成分、康滇古陆成分、第三纪成分、东亚成分、热带亚洲成分和北温带成分等众多区系成分在此汇合，经过漫长地质历史过程相互融合，相互交流，共同形成如今丰富而独特的植物多样性。因此该区域是中国植物区系地理上重要的区系结合关键地区，因而在植物区系研究上具有举足轻重的地位。

2）区系调查和研究简史

轿子山风光秀丽，自然环境优越，地质地貌独特，生物垂直气候带明显，孕育了丰富的植被类型和复杂的植物区系，是一个天然"植物园"，吸引了国内外众多的植物学工作者进行考察和研究。早在 19 世纪末，法国传教士兼植物采集家德拉维（J. M. Delavay）就曾到过轿子山所在的禄劝、东川一带进行采集。其后，法国神甫梅尔（E. E. Maire）、杜克洛（F. Ducloux），中国籍神甫邓西蒙（Pere-Simeon Ten）（受 Ducloux 委托），奥地利植物学家韩马迪（H. Handel-Mazzetti）等都或多或少来此进行过标本采集。除西方采集家外，我国早期的一些植物分类学家和采集家也曾先后涉足轿子山地区。云南农林植物研究所（现中国科学院昆明植物研究所）的张英伯先生是现在所知的第一个到轿子山进行标本采集的植物学家。1940 年，他在嵩明、寻甸、禄劝等地采集植物标本 1042 号，其中在乌蒙山（即轿子山）采集标本 195 号。新中国成立后，中国科学院植物分类研究所昆明工作站（现中国科学院昆明植物研究所）的毛品一等，于 1952 年在轿子山地区进行了较为全面的植物采集，共获标本 1414 号。1964 年，云南大学的朱维明、吴金亮等历时近 3 个月，在轿子山地区共采集标本 1390 号，所采标本保存于云南大学植物标本馆。此外，昆明植物研究所滇东北组调查队（1964 年）、李恒等（1982 年）、蓝顺彬（1986 年）、方瑞征、吕正伟（1990 年）等学者或考察队也曾到该地区进行过零星的调查和采集。先辈们的工作，为我们认识轿子山的植物多样性奠定了非常好的基础。2008 年 6 月至 11 月，中国科学院昆明植物研究所的彭华、刘恩德等因云南轿子山国家级自然保护区建设的需要，在保护区内采集植物标本 2000 余号，并通过鉴定和整理资料，完成了"轿子山保护区维管植物名录"，共记录野生维管植物 154 科 507 属 1611 种。其中，蕨类植物 15 科 31 属 94 种，裸子植物 7 科 11 属 20 种，被子植物 132 科 465 属 1497 种。2007 ～ 2009 年，云南大学王焕冲等人在轿子山及周边区域采集植物标本近 2000 号，在和兆荣副教授指导下完成了题为"轿子雪山及周边地区种子植物区系地理研究"的硕士论文。在后续的研究中，王焕冲及合作者发现并发表了采自轿子山的龙血树柴胡 *Bupleurum dracaenoides*、轿子山委陵菜 *Potentilla jiaozishanensis*、厚叶丝瓣芹 *Acronema crassifolium*、心果半脊荠 *Hemilophia cardiocarpa* 等植物新种。

3）植物区系分析

基于上述调查研究成果，我们综合整理相关资料后发现，有记录的轿子山种子植物共 2424 种，隶属于 170 科 817 属，分别占中国种子植物科、属、种总数的 50.45%、25.17%、9.87%。其中，裸子植物 6 科 13 属 24 种；被子植物 164 科 804 属 2400 种，分别为双子叶植物 141 科 650 属 2032 种，单子叶植物 23 科 154 属 368 种。（注：为了便于进行区系分析以及与历史资料进行比较，本节中被子植物的科属界定与《云南植物志》一致。）

（1）科的分析

根据区系中各科所含属种数，可将轿子山及其周边地区种子植物区系的科划分为 5 类（表 2）。含 100 种及以上的科有 4 科，从大至小依次为菊科 Compositae（70 属 /272 种）、禾本科 Poaceae（67 属 /140 种）、蝶形花科 Papilionaceae（45 属 /123 种）、蔷薇科 Rosaceae（27 属 /121 种）。这 4 个科均是世界种子植物中的特大科或大科，是本地区常绿阔叶林林下、林缘及灌草丛的主要建群成分；适应干旱和半干旱环境的菊科植物最多，这主要是与本地区干湿季分明的气候密切相关。含 51 ～ 99 种的科有 8 个，分别为唇形科 Labiatae（34 属 /92 种）、毛茛科 Ranunculaceae（14 属 /81 种）、伞形科 Umbelliferae（29 属 /73 种）、玄参科 Scrophulariaceae（21 属 /69 种）、兰科 Orchidaceae（26 属 /67 种）、报春花科 Primulaceae（5 属 /52 种）、龙胆科 Gentianaceae（10 属 /51 种）、杜鹃花科 Ericaceae（6 属 /51 种），其中，除杜鹃花科以北温带分布为主外，其余的科均为世界广布的大科，毛茛科、龙胆科、报春花科等均为草本植物占优的类群，它们在高山及亚高山植物区系中高度繁盛。含 21 ～ 50 种的科有 15 科，如蓼科 Polygonaceae（7 属 /42 种）、虎耳草科 Saxifragaceae（7 属 /35 种）、石竹科 Caryophyllaceae（9 属 /33 种）、十字花科 Brassicaceae（15 属 /31 种）、景天科 Crassulaceae（3 属 /28 种）等。以上 27 科占区系科总数的 15.88%，共计 495 属 1644 种，分别占属、种总数的 60.59%、67.82%，这些科在轿子山及其周边地区得到了充分的发展，成为轿子山种子植物区系多样性的主体成分，对本地区的植物区系和植被起着十分重要的作用。

表 2　轿子山地区种子植物区系科的组成

科的数量等级	科数	占科总数比例 /%	属数	占属总数比例 /%	种数	占种总数比例 /%
含 1 种的科	48	28.24	48	5.88	48	5.88%
2 ～ 10 种的科	69	40.59	157	19.22	354	14.60
11 ～ 20 种的科	26	15.29	117	14.32	378	15.59
21 ～ 50 种的科	15	8.82	141	17.26	450	18.56
51 ～ 99 种的科	8	4.71	145	17.75	538	22.19
100 种及以上的科	4	2.35	209	25.58	656	27.06
合计	170	100.00	817	100.00	2424	100.00

有些科虽然所含属、种数不多，却是轿子山地区植被中的优势科和建群科，如壳斗科 Fagaceae、八角科 Illiciaceae、山茶科 Theaceae、松科 Pinaceae 等，它们对当地植物区系的形成和发展具有重要意义。有些单种科或寡种科，如猕猴桃科 Actinidiaceae、三尖杉科 Cephalotaxaceae、领春木科 Eupteleaceae、青荚叶科 Helwingiaceae 等属于东亚特有科，是本地区与东亚植物区系联系的重要标志。领春木科中的领春木 *Euptelea pleiosperma* 为第三纪古老孑遗珍稀植物。这些系统演化上古老孑遗类群的存在说明本地区的演化有着相当古老的历史。除此之外，很多古老的木本植物，如樟科 Lauraceae、山茶科 Theaceae、壳斗科 Fagaceae、五加科 Araliaceae、忍冬科 Caprifoliaceae、冬青科 Aquifoliaceae 等在本地区也有着丰富的物种组成。

根据吴征镒等对科的分布区类型的划分方法，轿子山地区种子植物 170 科可划分为 9 个类型 11 个变型（表 3）。由表可知，本地区种子植物科的地理成分复杂，联系广泛，既有世界分布的大科，也有热带和温带分布的较大的科。除去世界广布的 46 科外，热带分布的科有 74 科，占非世界分布科总数的 59.68%；温带分布的科有 50 科，占非世界分布科总数的 40.32%，热带分布的科较温带分布的科多一些，这反映了轿子山区系具有一定的热带亲缘，但轿子山缺乏番荔枝科 Annonaceae、龙脑香科 Dipterocarpaceae 等典型热带植物区系的特征科，故本地区种子植物区系属于亚热带性质。

表 3　轿子山地区种子植物分布区类型

分布区类型	科数	占非世界科比例 /%	属数	占非世界属比例 /%
1. 世界广布	46	—	58	—
2. 泛热带分布	46	37.10	143	18.84
2-1. 热带亚洲—大洋洲和热带美洲（南美洲或 / 和墨西哥）分布	1	0.81	1	0.13

续表

分布区类型	科数	占非世界科比例 /%	属数	占非世界属比例 /%
2-2. 热带亚洲—热带非洲—热带美洲（南美洲）分布	4	3.23	—	—
2S. 以南半球为主的泛热带分布	4	3.23	—	—
3. 热带亚洲和热带美洲间断分布	10	8.06	18	2.37
4. 旧世界热带分布	4	3.23	53	6.98
5. 热带亚洲至热带大洋洲分布	3	2.42	24	3.16
6. 热带亚洲至热带非洲分布	—	—	32	4.22
7. 热带亚洲分布	—	—	57	7.51
7-1. 爪哇（或苏门答腊），喜马拉雅至华南、西南间断或星散	—	—	1	0.13
7-3. 缅甸、泰国至西南分布	2	1.61	1	0.13
8. 北温带分布	10	8.06	149	19.63
8-2. 北极—高山分布	1	0.81	2	0.26
8-4. 北温带和南温带间断分布	20	16.13	12	1.58
8-5. 欧亚和南美洲温带间断分布	2	1.61	2	0.26
8-6. 地中海、东亚、新西兰和墨西哥—智利间断分布	1	0.81	1	0.13
9. 东亚—北美间断分布	7	5.65	45	5.93
9-1. 东亚和墨西哥美洲间断分布	—	—	3	0.40
10. 旧世界温带分布	1	0.81	61	8.04
10-1. 地中海区，至西亚（或中亚）和东亚间断分布	—	—	2	0.26
10-3. 欧亚和南非（有时也在澳大利亚）间断分布	1	0.81	—	—
11. 温带亚洲分布	—	—	13	1.71
12. 地中海区、西亚至中亚分布	—	—	4	0.53
12-3. 地中海区至温带—热带亚洲，大洋洲和南美洲间断分布	1	0.81	—	—
13. 中亚分布	—	—	8	1.05
14. 东亚分布	5	4.03	36	4.74
14SH. 中国—喜马拉雅分布	1	0.81	52	6.85
14SJ. 中国—日本分布	—	—	10	1.32
15. 中国特有分布	—	—	29	3.82
合计	170		817	

（2）属的分析

　　轿子山地区种子植物的 817 属中，含 10 种及以上的较大属有 47 属（表 4），隶属于 26 科，含 734 种，占本地区科总数的 15.29%、属总数的 5.75%。较大属中，11 属是世界广布属，如薹草属 *Carex*、铁线莲属 *Clematis*、龙胆属 *Gentiana* 等。热带属 4 属，分别为冬青属 *Ilex*、凤仙花属 *Impatiens*、木蓝属 *Indigofera* 和素馨属 *Jasminum*。温带属较多，有 32 属，常为北温带地区分布的大属，如马先蒿属 *Pedicularis*、报春花属 *Primula*、杜鹃属 *Rhododendron*、荚蒾属 *Viburnum* 等。杜鹃属在我国各省区均有分布，但集中分布于西南各省区，横断山区及云南高原可能是其起源中心和分布中心，分布于轿子山地区海拔 2800 m 以上的杜鹃矮林和杜鹃灌丛是该地较为显著的植被景观。从较大属的分析来看，轿子山地区温带性质更为明显。

表 4　轿子山地区种子植物较大属的统计

属	种数	分布区类型
杜鹃属 *Rhododendron*	39	8-4
龙胆属 *Gentiana*	30	1
报春花属 *Primula*	28	8
蓼属 *Polygonum*	27	8
蒿属 *Artemisia*	25	1
铁线莲属 *Clematis*	22	1
虎耳草属 *Saxifraga*	21	8
木蓝属 *Indigofera*	21	2
悬钩子属 *Rubus*	20	1
马先蒿属 *Pedicularis*	20	8
珍珠菜属 *Lysimachia*	19	1
景天属 *Sedum*	18	13
委陵菜属 *Potentilla*	18	8
堇菜属 *Viola*	17	1
栎属 *Quercus*	17	8-4
紫菀属 *Aster*	17	8
金丝桃属 *Hypericum*	16	1
橐吾属 *Ligularia*	16	10
千里光属 *Senecio*	15	14SJ
蝇子草属 *Silene*	14	8

属	种数	分布区类型
花楸属 *Sorbus*	14	8
冬青属 *Ilex*	14	2
忍冬属 *Lonicera*	14	8
香青属 *Anaphalis*	14	8
风毛菊属 *Saussurea*	14	10
大丁草属 *Leibnitzia*	13	9-1
乌头属 *Aconitum*	12	8
毛茛属 *Ranunculus*	12	1
凤仙花属 *Impatiens*	12	2
栒子属 *Cotoneaster*	12	10
柳属 *Salix*	12	8-4
婆婆纳属 *Veronica*	12	8
灯心草属 *Juncus*	12	1
唐松草属 *Thalictrum*	11	8
绣线菊属 *Spiraea*	11	8
蒴子梢属 *Campylotropis*	11	11
槭属 *Acer*	11	8-4
柴胡属 *Bupleurum*	11	8-4
兔儿风属 *Ainsliaea*	11	14
天南星属 *Arisaema*	11	8
老鹳草属 *Geranium*	10	1, 8（9）
山蚂蝗属 *Desmodium*	10	9
素馨属 *Jasminum*	10	2
荚蒾属 *Viburnum*	10	8
獐牙菜属 *Swertia*	10	8
香薷属 *Elsholtzia*	10	10
薹草属 *Carex*	10	1

根据吴征镒等对属的分布区类型的划分方法，轿子山地区817属可划分为15个类型11个变型（表3），充分表明本地区植物区系与世界其他地区联系的广泛性。

世界广布属有58属，大多是中生草本或灌木，如紫菀属 *Aster*、龙胆属 *Gentiana*、

蓼属 *Polygonum*、千里光属 *Senecio* 等，许多是草本层的主要建群植物。木本植物和含有木本的属有鼠李属 *Rhamnus*、悬钩子属 *Rubus*、茄属 *Solanum*、槐属 *Sophora* 等。悬钩子属的分布几乎遍布世界各处，是温带和热带、亚热带山区的亚热带至温带森林中的主要下木之一，在轿子山的分布也极广，且种类丰富，有 20 种之多。

热带性质（类型 2 ~ 7）的属有 330 属，占非世界分布属总数（下同）的 43.48%。泛热带分布及其变型最多，有 144 属，占 18.97%，如榕属 *Ficus*、凤仙花属 *Impatie*、木蓝属 *Indigofera*、鹅掌柴属 *Schefflera* 等，在本地区常见于河谷区域，只有很少属种分布到高海拔范围。热带亚洲分布及其变型次之，有 59 属，占 7.77%，如润楠属 *Machilus*、含笑属 *Michelia*、清香桂属 *Sarcococca* 等；它们中很多是组成本地区植被的优势木本属，如青冈属 *Cyclobalanopsis*。旧世界热带分布有 53 属，如八角枫属 *Alangium*、杜茎山属 *Maesa*、娃儿藤属 *Tylophora* 等。热带亚洲至热带非洲分布有 32 属，如长蒴苣苔属 *Didymocarp*、铁仔属 *Myrsine*、飞龙掌血属 *Toddalia* 等。热带亚洲至热带大洋洲分布有 24 属，如天麻属 *Gastrodia*、通泉草属 *Mazus*、梁王茶属 *Nothopanax* 等。热带亚洲至热带美洲间断分布有 18 属，占 2.37%，如泡花树属 *Meliosma*、雀梅藤属 *Sageretia*、百日菊属 *Zinnia* 等。

温带性质（类型 8 ~ 15）的属有 429 属，占 56.51%。北温带分布及其变型最多，有 166 属，占 21.87%，如乌头属 *Aconitum*、桦木属 *Betula*、葶苈属 *Draba*、杨梅属 *Myrica*、野豌豆属 *Vicia* 等。东亚分布及其变型次之，有 98 属，如开口箭属 *Campylandra*、三尖杉属 *Cephalotaxus*、垂头菊属 *Cremanthodium*、马蓝属 *Pteracanthus* 等；此分布型中有许多起源古老的属，如领春木属 *Euptelea*。旧世界热带分布及其变型，有 63 属，占 8.30%，如栒子属 *Cotoneaster*、活血丹属 *Glechoma*、毛莲菜属 *Picris*、窃衣属 *Torilis* 等；此类型的很多属种分布于中低海拔段。东亚和墨西哥间断分布及其变型有 48 属，占 6.32%，如两型豆属 *Amphicarpaea*、勾儿茶属 *Berchemia*、黄杉属 *Pseudotsuga*、莛子藨属 *Triosteum* 等。中国特有分布有 29 属，如牛筋条属 *Dichotomanthes*、鹭鸶兰属 *Diuranthera*、金铁锁属 *Psammosilene* 等。温带亚洲分布有 13 属，占 1.71%，如马兰属 *Kalimeris*、狼毒属 *Stellera* 等。中亚分布属有 8 属，如角蒿属 *Incarvillea*、景天属 *Sedum* 等。地中海区、西亚至中亚分布属有 4 属，分别为常春藤属 *Hedera*、沙针属 *Osyris*、黄连木属 *Pistacia*、翼首花属 *Pterocephalus*。

属的分布型与科有所不同，表现为温带成分占优势。这可能与轿子山的高山、亚高山地区分布有大量温带性质的属和种有关。温带成分中北温带及其变型（21.86%）和东亚分布及其变型（12.91%）构成温带成分的主体。

4）主要区系特点

（1）物种多样性

轿子山地区植物资源非常丰富，是一个重要的植物物种多样性富集区，共有种子植物 2424 种，隶属于 170 科 817 属，分别占中国已知种子植物科、属、种总数的 50.45%、

25.17%、9.87%；其物种多样性明显超过相隔不远的巧家药山（163 科 789 属 2218 种），其物种多样性也不逊于传统上被认为生物多样性热点地区的横断山脉，如梅里雪山（种子植物 2481 种）及大理苍山（2503 种）。其丰富的物种多样性主要得益于该区域复杂的地质历史、多样的地形地貌、巨大的海拔高差、独特的植物地理区位，以及特殊而多样的气候等因素的共同作用。

（2）区系性质

尽管轿子山地区种子植物中有丰富的热带和温带（甚至寒带）区系成分，但总体而言，区系性质依然是亚热带性质，热带植物区系向温带植物区系过渡的特点较为明显。从科的区系组成来看，热带性质的科占科总数的 43.53%，很多热带成分的类群集中分布于海拔较低的普渡河和小江河谷，科中属种数目相对较少；温带性质的科占科总数的 29.41%，世界分布的科有 46 科，占科总数 27.06%，这两种分布类型科内种数相对较多，是区系组成的主体。从科的大小排列顺序来看，科内种数最多的科是主产温带和亚热带地区的菊科、禾本科、蔷薇科、唇形科等，而作为热带第一大科的兰科 Orchidaceae 在轿子山地区并不是很多。而从属的分布型来看，温带属占优势，热带次之，偏温带性的特点比较突出，这与轿子山的高山和亚高山分地带分布有大量温带性质的属和种有关，同时也与本区的地理位置在云南高原偏北有一定关系。虽然对科级和属级的分布型统计结果有所差异，但总体而言，本地区区系性质仍为亚热带性质。

（3）特有现象

轿子山地区种子植物区系的特有现象总体来说比较突出，既有古特有类群，也富含新特有类群。就科级水平而言，本地区虽然没有中国特有科，但东亚特有科有 6 科，分别为猕猴桃科 Actinidiaceae、三尖杉科 Cephalotaxaceae、领春木科 Eupteleaceae、青荚叶科 Helwingiaceae、旌节花科 Stachyuraceae 和鞘柄木科 Toricelliaceae，这些充分说明本区植物区系的属性。本地区有中国特有属 29 属，占本区总属数的 3.82%，占中国特有属总数的 14.80%，在比例上仅略低于整个云南高原地区（21.40%）。本地区特有属中很大部分起源较为古老，如巴豆藤属 Craspedolobium、地涌金莲属 Musella。特别是河谷地带保存了大量的中国特有属，如枦菊木属 Nouelia、金铁锁属 Psammosilene、丁茜属 Trailliaedoxa、长冠苣苔属 Rhabdothamnopsis 等，它们大多呈孑遗状态，且与热带非洲或古地中海有历史渊源；而另一些属则是由于云南高原抬升而特化形成的新特有属，如高山豆属 Tibetia、翅茎草属 Pterygiella 等。本地区种级特有现象丰富，中国特有种占有很大比例，含以下三个比较有特色的特有成分：①云南高原特有种，如滇黄芩 Scutellaria amoena、元江栲 Castanopsis orthacantha、牛筋条 Dichotomanthus tristaniaecarpa 等；②金沙江河谷分布的特有种，如攀枝花苏铁 Cycas panzhihuaensis、丁茜 Trailliaedoxa gracilis 等；③轿子山地区可能是一个重要的新物种形成区域，有许多轿子山及周边区域特有种，如乌蒙绿绒蒿 Meconopsis wumungensis、东川虎耳草 Saxifraga dongchuanensis、革叶龙胆 Gentiana scytophylla、轿子山委陵菜 Potentilla jiaozishanensis、龙血树柴胡

Bupleurum dracaenoides、厚叶丝瓣芹 *Acronema crassifolium* 等，很多都是新近发现并发表的新类群。

（4）植物地理分区及联系

轿子山地区共有东亚分布类型 98 属，以中国—喜马拉雅分布变型（SH）为主，有52 属，这充分说明本地区植物区系是东亚植物区的一个部分，与吴征镒等对本地区植物区系的划分结果一致。相比较而言，本地区与中国—喜马拉雅植物区系的关系更近，但与中国—日本森林植物区系的联系比较密切，是中国—日本植物区系与中国—喜马拉雅植物区系交汇的重要区域，区系地理位置特殊。根据前人对东亚植物区系的划分，本地区应该被划入中国—喜马拉雅森林植物亚区的云南高原地区之滇中高原亚地区，但研究发现本地区与典型的滇中高原植物区系还是有一定的差别。

轿子山地区虽然位于内陆，但其种子植物区系与世界其他各地的种子植物区系有着联系，这种联系表现在各种连续和间断分布上。从属的分布型统计中可以看出，在热带地区的联系中与泛热带的联系最为密切，而在温带地区的联系中与北温带联系最为密切。就与不同的植物地区联系而言，轿子山地区作为东亚植物区、中国—喜马拉雅植物亚区、云南高原地区的一个区系，自然与云南高原植物区系联系密切，特别是与滇中高原植物区系联系密切。

石松类
与蕨类
植物
Lycophytes and Ferns

P1 石松科 Lycopodiaceae
苍山石杉 *Huperzia delavayi*

草本。枝上部常有芽胞。叶片螺旋状排列，密生，反折或平伸，卵状披针形。孢子囊生于孢子叶的叶腋，肾形，黄绿色。

生于海拔 2900 ～ 3800 m 的林下、树干、岩缝或草地。

石松 *Lycopodium japonicum*

多年土生草本。茎匍匐，细长横走，主枝二至三回分叉。孢子囊穗（3）4 ～ 8 个集生于长达 30 cm 的总柄，总柄上苞片螺旋状稀疏着生。

生于海拔 800 ～ 3300 m 的林下、灌丛、草地、路边或岩缝。

P3 卷柏科 Selaginellaceae
布朗卷柏 *Selaginella braunii*

草本，直立。主茎上部羽状，呈复叶状。叶除主茎上的外全部交互排列，二形，不具白边，叶脉不分叉。孢子叶穗紧密，四棱柱形，单生于小枝末端。

生于海拔 1000 ～ 1800 m 的干热河谷的林下。

P3 卷柏科 Selaginellaceae
蔓出卷柏 *Selaginella davidii*

土生或石生。根托自主茎分叉处断续着生，主茎匍匐，分枝扁平。营养叶交互排列，二型，具白边。孢子叶同型，排列紧密。

生于海拔 1400 ～ 2300 m 灌丛中阴湿处，潮湿地。

垫状卷柏 *Selaginella pulvinata*

垫状草本。根托生于茎基部。侧枝羽状分枝，叶交互排列，二型，中叶叶缘反卷，下叶膜质，撕裂状。孢子叶穗四棱柱形，排列紧密。

生于海拔 700 ～ 4250 m 的石灰岩上。

P4 木贼科 Equisetaceae
披散木贼（披散问荆）
Equisetum diffusum

多分枝草本。根茎横走。枝一型，具棱，上部主枝及侧枝的棱顶各有 1 行小瘤伸达鞘齿。鞘齿三角形，革质，宿存。孢子囊穗圆柱状，熟时柄伸长。

生于海拔 1000 ～ 3000 m 的田边、路边、水边。

P17 蘋科 Marsileaceae
南国田字草（南国蘋）
Marsilea minuta

水生或者湿生草本。根状茎匍匐。小羽片 4，上缘通常具波状圆齿。表面光滑无毛，叶柄纤细。孢子果 1～2 个着生于叶柄基部。

生于水塘、沟渠及水田中。

P30 凤尾蕨科 Pteridaceae
团羽铁线蕨
Adiantum capillus-junonis

草本。根状茎被褐色鳞片。叶簇生，奇数一回羽状，柄细如铁丝，基部被鳞片，小羽片团扇形或近圆形。孢子囊群每羽片 1～5 枚。

生于海拔 800～2500 m 的湿润石灰岩裂缝中。

白边粉背蕨
Aleuritopteris albomarginata

草本。根状茎被鳞片。叶簇生，叶背被白色蜡质粉末。三回羽裂，叶柄具鳞片。孢子囊群线形沿叶缘分布；囊群盖边缘撕裂成睫毛状。

生于海拔 1300～2700 m 山坡上的岩石裂缝中。

P30 凤尾蕨科 Pteridaceae

普通凤了蕨 *Coniogramme intermedia*

草本。叶二回羽状，叶背被短柔毛，叶柄常有淡棕色点，小羽片边缘有斜上的锯齿。孢子囊群沿侧脉分布达叶边不远处。

生于海拔 1500～2500 m 常绿阔叶林林下或林缘。

黑足金粉蕨 *Onychium contiguum*

草本。根状茎横走，疏被深棕色披针形鳞片。叶基部黑色，五回羽状细裂。孢子囊群生小脉顶端的连接脉上；囊群盖灰白色。

常成片丛生于海拔 1200～3500 m 山谷、沟旁或疏林下。

栗柄金粉蕨
Onychium japonicum var. *lucidum*

多年生草本。根状茎长而横走。叶柄栗红色或深棕色，叶片二回至三回（至四回）羽状。孢子囊群线形，成熟后布满裂片背面。

生于海拔 700～2200 m 林下沟边或溪边石上。

P30 凤尾蕨科 Pteridaceae

滇西金毛裸蕨
Paragymnopteris delavayi

草本。根状茎粗短。叶丛生，圆柱形，亮栗黑色，叶片一回羽状，下部羽片基部存在耳状凸起。孢子囊群沿侧脉着生。

生于海拔 2200 ～ 3800 m 疏林下石灰岩缝中。

欧洲金毛裸蕨
Paragymnopteris marantae

草本。根状茎粗短。叶丛生或近生，圆柱形，亮栗褐色，被纤维状鳞片，叶片二回羽状。孢子囊群沿侧脉分布，被鳞片覆盖。

生于海拔 1800 ～ 4200 m 林下干旱石缝。

金毛裸蕨 *Paragymnopteris vestita*

草本。根状茎被锈色鳞片。一回奇数羽状复叶，密被灰棕色或棕黄色绢毛。孢子囊群沿侧脉着生，隐没在绢毛下，熟时略可见。

生于海拔 800 ～ 3000 m 灌丛石上。

P30 凤尾蕨科 Pteridaceae
柔毛凤尾蕨 *Pteris puberula*

草本。根状茎短而直立，先端密被褐色鳞片。叶簇生，二回深羽裂，叶基部侧生羽片有柄且有 1 小羽片，其余无柄，叶面无毛，叶背疏被伏生的灰色短毛。

生于海拔 2500 ～ 2750 m 林下。

蜈蚣草（蜈蚣凤尾蕨）
Pteris vittata

草本。根状茎被黄褐色鳞片。叶簇生，一回羽状，柄坚硬。孢子囊群线形，沿叶缘连续延伸；囊群盖线形，宿存。

生于山坡、路旁草丛中。

西南凤尾蕨 *Pteris wallichiana*

高大草本。根状茎木质，先端被褐色鳞片。叶簇生，三回深羽裂，小羽片 20 对以上，互生，上部的无柄，下部的有短柄。

生于海拔 800 ～ 2600 m 林下沟谷中。

P30 凤尾蕨科 Pteridaceae
小叶中国蕨 *Sinopteris albofusca*

　　草本。根状茎被披针形鳞片。叶簇生，二回羽状深裂，叶柄基部被鳞片，叶下被腺体，分泌白色蜡质粉末。孢子囊群生小脉顶端。

　　生于海拔 1600 ～ 3200 m 林下及灌丛石灰岩缝。

中国蕨 *Sinopteris grevilleoides*

　　草本。根状茎短而直立，密被鳞片，黑色，有棕色狭边。叶簇生，柄长，栗黑色，叶片五角形，近三等裂。孢子囊群生小脉顶端，孢子囊狭。

　　生于海拔 1100 ～ 1800 m 裸露石岩上或灌丛岩缝。

P31 碗蕨科 Dennstaedtiaceae
毛轴蕨 *Pteridium revolutum*

　　草本。根状茎横走。叶具纵沟，幼时被柔毛，叶三回羽状，小羽片与羽轴合生。孢子囊群沿叶边成线形分布，无隔丝。

　　生于海拔 750 ～ 3000 m 山坡阳处或山谷疏林中的林间空地。

P37 铁角蕨科 Aspleniaceae
宝兴铁角蕨 *Asplenium moupinense*

草本。根状茎短而直立。叶密集簇生，二回羽状，下部羽片收缩，中部羽片椭圆状披针形，先端有芽胞。囊群盖灰白色，膜质，全缘。

生于海拔 1600 ～ 2800 m 林下溪边潮湿岩石上。

云南铁角蕨 *Asplenium yunnanense*

草本。根状茎短而直立，密被鳞片。基部膜质，褐黑色。叶簇生，叶柄栗褐色，二回羽状。囊群盖近椭圆形，灰白色，膜质，全缘。

生于海拔 1600 ～ 2800 m 林下溪边潮湿岩石上。

P38 岩蕨科 Woodsiaceae
栗柄岩蕨 *Woodsia cycloloba*

草本。根状茎斜升或横卧，密被鳞片，先端长渐尖，深棕色，膜质。叶近簇生，栗色，一回羽状，羽片全缘或呈微波状。孢子囊群圆形，裸露无盖。

生于海拔 2900 ～ 4000 m 林下石缝中或岩壁上。

P41 蹄盖蕨科 Athyriaceae
大叶假冷蕨 *Athyrium atkinsonii*

　　草本。根状茎粗而横卧。叶柄基部黑褐色；叶片通常较大，成熟叶片二回至四回羽状。孢子囊生于裂片基部上侧的小脉上。

　　生于海拔 2300 ～ 3400 m 冷杉、铁杉林下或灌丛中阴湿处。

P45 鳞毛蕨科 Dryopteridaceae
刺齿贯众 *Cyrtomium caryotideum*

　　草本。根状茎密被黑棕色鳞片。叶簇生，奇数一回羽状，侧生羽片边缘有长而尖的三角形耳状凸起。孢子囊群遍布羽片背面；囊群盖圆形，盾状，边缘有齿。

　　生于海拔 1200 ～ 2700 m 林下。

金冠鳞毛蕨 *Dryopteris chrysocoma*

　　草本。根状茎短而直立，密被鳞片，鳞片亮红棕色。叶簇生，禾秆色，二回羽状深裂。孢子囊群圆肾形；囊群盖大，螺壳状。

　　生于海拔 2400 ～ 3000 m 灌丛或常绿阔叶林缘。

P45 鳞毛蕨科 Dryopteridaceae
刺尖鳞毛蕨 *Dryopteris serratodentata*

草本。根状茎直立，短，有鳞，有锯齿。叶丛生，二回羽状复叶；裂片长圆形，先端圆形，锯齿。囊群盖很薄，撕裂状。

生于海拔 3100 ～ 3800 m 冷杉林，在裸露的岩石裂缝也有。

纤维鳞毛蕨 *Dryopteris xanthomelas*

草本。根状茎直立，密被先端钻状边缘具锯齿的鳞片。叶簇生，基部密被鳞片，先端钻状，二回羽状。孢子囊群圆形。

生于海拔 2800 ～ 4000 m 针叶林下。

杜氏耳蕨 *Polystichum duthiei*

草本。根状茎直立，密生棕色鳞片。叶簇生，薄革质，有鳞片，一回羽状，互生，无柄，基部有耳状凸。囊群盖圆形，盾状，边缘有齿。

生于海拔 2850 ～ 4300 m 高山草甸、岩缝。

P45 鳞毛蕨科 Dryopteridaceae
对马耳蕨 *Polystichum tsus-simense*

草本。根茎密被深棕色鳞片。叶二回羽状，小羽片互生，边缘具小尖齿。孢子囊群位于小羽片主脉两侧；囊群盖圆形，盾状。

生于海拔 1500 ～ 3400 m 常绿阔叶林下或灌丛中。

P51 水龙骨科 Polypodiaceae
膜叶星蕨 *Bosmania membranacea*

草本，附生。根状茎横走，粗壮，密被鳞片。叶近生或近簇生，单叶，叶片阔披针形至椭圆披针形。孢子囊群小，圆形，不规则散生。

生于海拔 800 ～ 2600 m 的荫蔽岩石或树干上。

栗柄篦齿蕨
Goniophlebium fieldingianum

草本。根状茎横走，密被鳞片。叶近生或远生，叶片顶端羽裂渐尖，中下部羽状深裂或全裂，叶两面光滑无毛。孢子囊群在裂片中脉两侧各1 行。

生于海拔 2300 ～ 3300 m 针阔叶混交林下。

P51 水龙骨科 Polypodiaceae

扭瓦韦 Lepisorus contortus

　　草本。根状茎横走，密生具齿鳞片。叶线状披针形，短尾状渐尖。孢子囊群圆形，聚生于叶片中上部，被圆形隔丝所覆盖。

　　生于海拔 1400 ～ 2800 m 的树干或岩石上。

扇蕨 Neocheiropteris palmatopedata

　　草本。根状茎横走，密被具齿鳞片。叶扇形，鸟足状掌形分裂，干后叶背被棕色鳞片。孢子囊群聚生裂片下部，紧靠主脉，圆形。

　　生于海拔 1500 ～ 2700 m 密林下或山崖林下。

毡毛石韦 Pyrrosia drakeana

　　草本。根状茎短粗，横卧，密被鳞片，鳞片周身密被睫状毛。叶近生，叶柄粗壮，坚硬。孢子囊群近圆形，成熟时孢子囊开裂，呈砖红色。

　　生于海拔 1000 ～ 3600 m 山坡杂木林下树干上或岩缝间。

P51 水龙骨科 Polypodiaceae

西南石韦 *Pyrrosia gralla*

草本。根状茎略粗壮而横卧，密被披针形鳞片。叶密生，一型。孢子囊群布满叶片下表面，幼时被星状毛覆盖，棕色。

附生于海拔 800 ～ 2500 m 的阴湿岩石上。

弯弓假瘤蕨 *Selliguea albidoglauca*

草本。根状茎横走，密被鳞片。叶远生，近革质，两面无毛，叶片羽状深裂，基部心形。孢子囊群圆形，在中脉两侧各一行。

附生于海拔 2800 ～ 3700 m 的树干或岩石上。

黑鳞假瘤蕨 *Selliguea ebenipes*

草本，附生或土生。根状茎横走，密被鳞片，栗色，边缘有睫毛。叶片羽状深裂。孢子囊群圆形，孢子表面具密的颗粒状突起。

生于海拔 2300 ～ 3000 m 的林下或附生子岩石上。

P51 水龙骨科 Polypodiaceae

多羽节肢蕨 *Selliguea moulmeinensis*

草本。根状茎横走，密被鳞片，边缘有睫毛。叶一回羽状。孢子囊多行者，极小，单行者，极大；孢子具刺和疣状纹饰。

生于海拔 1000～2700 m 山坡林下。

裸子
植物
Gymnosperms

G1 苏铁科 Cycadaceae

攀枝花苏铁 *Cycas panzhihuaensis*

　　棕榈状常绿灌木，高可达 2.5 m。茎干圆柱状，顶端密被绒毛。叶一回羽裂。小孢子叶顶端具短刺；大孢子叶多于 30，密被褐色绒毛。

　　生于海拔 1100 ～ 2000 m 的常绿阔叶林下或稀树灌丛中。

G6 麻黄科 Ephedraceae

丽江麻黄 *Ephedra likiangensis*

　　灌木。茎直立；绿色小枝较粗，多直伸向上，稀稍平展，多成轮生状。苞片肉质红色。种子椭圆状卵圆形或披针状卵圆形。

　　生于海拔 2400 ～ 3500 m 的石灰岩山地。

G7 松科 Pinaceae

急尖长苞冷杉

Abies forrestii var. *smithii*

　　乔木。一至三年生枝密被褐色或锈褐色毛。叶条形，先端凹缺，下面有 2 条白色气孔带。球果卵状圆柱形；苞鳞中央有急尖头。

　　生于海拔 2500 ～ 4000 m 的高山地带，组成纯林或混交林。

G7 松科 Pinaceae

云南油杉 *Keteleeria evelyniana*

乔木，高可达 40 m，树皮粗糙，暗灰褐色。叶条形，在侧枝上排列成两列。球果圆柱形，苞鳞中部窄，下部逐渐增宽，上部近圆形。

常混生于海拔 700～2600 m 的云南松林中或组成小片纯林。

华山松 *Pinus armandii*

大乔木，幼树树皮灰绿色或淡灰色，平滑，老时裂成方形或长方形厚块片。球果幼时绿色，成熟时淡黄褐色。种鳞先端不反曲或微反曲。

生于海拔 1000～3300 m 的稍耐干燥瘠薄的土地或石灰岩石缝间。

高山松 *Pinus densata*

乔木，高达 30 m，树干下部树皮暗灰褐色。针叶常 2 针一束。球果卵圆形，有短梗，熟时栗褐色，常向下弯垂。种子淡灰褐色。

生于海拔 2600～3500 m 的向阳山坡上或沟谷，组成纯林。

G7 松科 Pinaceae

云南松 *Pinus yunnanensis*

乔木；树皮褐灰色，裂成不规则鳞块状脱落；冬芽红褐色。针叶通常3针（稀2针）一束。球果圆锥状卵形，成熟时张开。种子褐色。

生于海拔1000～3200 m的地带，常形成大面积纯林。

黄杉 *Pseudotsuga sinensis*

乔木；树皮裂成不规则厚块片。叶先端钝圆有凹缺，基部宽楔形。球果卵圆形或椭圆状卵圆形，近中部宽，两端微窄，成熟前微被白粉。

生于海拔1500～2800 m的针阔叶混交林中。

G11 柏科 Cupressaceae

刺柏 *Juniperus formosana*

乔木，树冠塔形或圆柱形。叶片3叶轮生，条状披针形或条状刺形。雄球花圆球形或椭圆形。球果近球形或宽卵圆形，熟时淡红褐色。

生于海拔1800～3400 m的山坡或散生于林中。

G11 柏科 Cupressaceae
高山柏 *Juniperus squamata*

　　灌木，有时匍匐状。叶全为刺形，3 叶交叉轮生，叶片披针形或窄披针形。雄球花卵圆形。球果卵圆形或近球形，熟后黑色或蓝黑色。

　　生于海拔 3000 m 以上的亚高山和高山地带。

长叶高山柏
Juniperus squamata var. *fargesii*

　　灌木或乔木，树皮褐灰色。叶全为刺形，三叶交叉轮生，披针形或窄披针形，具白粉带。雄球花卵圆形，球果成熟后黑色或蓝黑色。种子上部常有 2 ～ 3 钝纵脊。

　　生于海拔 2800 ～ 4000 m 的高山地带。

G12 红豆杉科 Taxaceae
三尖杉 *Cephalotaxus fortunei*

　　乔木。叶 2 列，披针状条形。雄球花 8 ～ 10 聚生成头状，有明显总梗。种子椭圆状卵形或近圆球形，假种皮成熟时紫色或红紫色。

　　生于海拔 2000 ～ 3000 m 的沟谷或混交林中。

被子
植物
Angiosperms

A7 五味子科 Schisandraceae

野八角 *Illicium simonsii*

常绿乔木。单叶对生、互生或聚生，革质，中脉在叶面下凹。花腋生，淡黄色至白色，芳香，常密集聚生于枝顶端。蓇葖果，蓇葖 8 ～ 13。

生于海拔 2300 ～ 3000 m 的山地沟谷、溪边湿润常绿阔叶林中。

大花五味子 *Schisandra grandiflora*

落叶木质藤本，无毛。叶纸质，先端渐尖或尾状渐尖，基部楔形。雌雄异株。花被片白色，3 轮。聚合果，花托在果时粗壮。种子宽肾形。

生于海拔 1800 ～ 3100 m 的山坡林下灌丛中。

合蕊五味子 *Schisandra propinqua*

落叶木质藤本，无毛。叶坚纸质，具疏离的胼胝质齿。花橙黄色，雄花花托肉质球形，雌花雌蕊群卵球形。聚合果长穗状。种子近球形。

生于海拔 1500 ～ 2800 m 的河谷、山坡常绿阔叶林中。

A10 三白草科 Saururaceae
蕺菜 *Houttuynia cordata*

　　多年生腥臭草本。茎具节，下部伏地。叶纸质，心形至宽卵状心形，叶背常紫红色。花序基部具 4 白色总苞片，穗状花序，花小。蒴果。

　　生于海拔 1000 ～ 2500 m 的水沟边、湿润的路边或田埂沟边等。

A12 马兜铃科 Aristolochiaceae
昆明关木通 *Isotrema kunmingense*

　　藤本。叶互生，长卵形，基部心形。单花腋生，喇叭状，外具柔毛，檐部圆形，3 裂，喉部黄色，喉口不收缩，内具紫色条纹。蒴果。

　　生于海拔 1800 ～ 2600 m 石灰岩山地灌丛或林中。

A14 木兰科 Magnoliaceae
山玉兰 *Lirianthe delavayi*

　　常绿乔木。叶厚革质，卵形，基部宽圆；托叶痕几达叶柄全长。花被片 9 ～ 10，外轮 3 片绿色，内 2 轮乳白色，倒卵状匙形。聚合蓇葖果。

　　生于海拔 1500 ～ 2800 m 的石灰岩山地阔叶林中或较潮湿的坡地。

A14 木兰科 Magnoliaceae
云南含笑 *Michelia yunnanensis*

常绿灌木。单叶互生，全缘，革质，叶背常被深红色平伏毛。单花腋生，白色，花苞被锈色柔毛。聚合蓇葖果成熟时膨大，皮囊状。

生于海拔 1600～2300 m 的山地灌丛或林中。

A23 莲叶桐科 Hernandiaceae
心叶青藤 *Illigera cordata*

常绿藤本。叶指状，小叶 3。聚伞花序，花黄色；萼片 5，外面无毛；雄蕊 5；子房下位；花盘上有腺体 5。果 4 翅，具条纹，厚纸质。

生于海拔 1800 m 以下的密林或灌丛中。

A25 樟科 Lauraceae
香叶树 *Lindera communis*

常绿小乔木。叶互生，薄革质，网脉成小凹点，叶背被黄褐色柔毛。伞形花序，花单性，黄色；花被片 6。果卵形，熟时红色。

散生或混生于海拔 1600～2500 m 的常绿阔叶林中。

A25 樟科 Lauraceae

红叶木姜子 Litsea rubescens

落叶小乔木。叶互生，纸质，叶脉、叶柄常为红色。雌雄异株，先花后叶，伞形花序；花被片 6，黄色；花药 4 室；柱头 2 裂。果实椭圆形。

生于海拔 1800 ~ 3100 m 的山地阔叶林中空隙或林缘。

滇润楠 Machilus yunnanensis

常绿乔木。叶互生，革质，上端较宽，全缘，无毛。聚伞花序，花淡绿色；花被裂片宿存，反折。果肉质，熟时黑蓝色，具白粉。

生于海拔 1650 ~ 2000 m 的山地常绿阔叶林中。

新樟 Neocinnamomum delavayi

小乔木。枝条幼时被毛。叶互生，三出脉。团伞花序腋生，花黄绿色；花被裂片 6；能育雄蕊 9。核果，果托高脚杯状，花被片宿存。

生于海拔 1100 ~ 2300 m 的灌丛、林缘、疏林或密林中。

A28 天南星科 Araceae

滇魔芋 *Amorphophallus yunnanensis*

多年生草本。块茎球形，密生肉质须根。叶三全裂，裂片二歧羽状分裂。花序柄绿褐色，具绿白色斑块；佛焰苞绿色，具绿白色斑点。雌花序绿色，雄花序白色，花叶不同期。

生于海拔 1500 ～ 2000 m 的山坡密林下、河谷疏林及荒地。

象南星 *Arisaema elephas*

多年生草本。块茎扁球形。叶片 3 全裂。雌雄异株；佛焰苞淡紫色或紫色，具白色或绿色纵条纹；附属器鞭状，青紫色。浆果砖红色。

生于海拔 2800 ～ 4000 m 的河岸、山坡林下、草地或荒地。

一把伞南星 *Arisaema erubescens*

多年生草本。叶片放射状分裂。佛焰苞绿色，背面有条纹，喉部边缘截形；肉穗花序单性，附属器圆柱形，向两端略狭。浆果红色。

生于海拔 1100 ～ 3200 m 的林下、灌丛、草坡或荒地。

A28 天南星科 Araceae

象头花 Arisaema franchetianum

多年生草本。叶不裂或 3 全裂。雌雄异株；佛焰苞深紫色，具白色条纹，上部弯曲似盔状，顶端具长细尾；附属器尾状。浆果绿色。

生长于海拔 1800 ～ 3000 m 的林下、灌丛或草坡。

岩生南星 Arisaema saxatile

多年生草本，块茎近球形。叶片鸟足状分裂，裂片 5 ～ 7 裂。雌雄异株；佛焰苞绿白色或白色、黄色；肉穗花序单性，附属器无柄。浆果红色。

生于海拔 1400 ～ 2600 m 的河谷草坡或灌丛。

山珠南星 Arisaema yunnanense

多年生草本。叶 3 全裂。雌雄异株；佛焰苞黄绿色，喉部无耳；肉穗花序单性，附属器外弯；雄花花药顶孔开裂。浆果橘红色。

生于海拔 1500 ～ 3000 m 的阔叶林、松林或草坡灌丛中。

A28 天南星科 Araceae
西南犁头尖 *Sauromatum horsfieldii*

多年生草本。叶片鸟足状分裂，无紫斑，叶缘具波状圆齿。雌花序淡黄色，附属器圆柱状；佛焰苞淡绿色，具紫褐色斑点。浆果卵圆形。

生于海拔 1800 ～ 2100 m 的常绿阔叶林下。

A29 岩菖蒲科 Tofieldiaceae
叉柱岩菖蒲 *Tofieldia divergens*

多年生草本。叶基生，两侧压扁。总状花序，花白色，有时稍下垂；花柱 3，分离，明显长于花药。蒴果倒卵状三棱形或近椭圆形。

生于海拔 1000 ～ 4300 m 的草坡、溪边或林下的岩缝中或岩石上。

A45 薯蓣科 Dioscoreaceae
高山薯蓣 *Dioscorea delavayi*

缠绕藤本。块茎长圆柱形。掌状复叶，倒卵形至长椭圆形，两面被毛。雄花总状花序，雌花穗状花序，被毛。蒴果三棱状，被毛。

生于海拔 800 ～ 3000 m 的林缘、灌丛或草坡。

A45 薯蓣科 Dioscoreaceae
粘山药 *Dioscorea hemsleyi*

缠绕藤本。块茎新鲜时断面有黏液。叶片卵状心形，叶背被毛。雌雄异株，雄花穗状花序，雌花序短缩，几无花序轴。蒴果三棱状长圆形。

生于海拔 1000～3100 m 的山坡、灌丛或草地。

黑珠芽薯蓣 *Dioscorea melanophyma*

多年生缠绕藤本。茎左旋，具珠芽。掌状复叶具 3～5 小叶。雄花序总状，雌花序穗状，均被灰黄色绒毛。蒴果在轴上反折。

生于海拔 1300～2100 m 的山谷、山坡林缘或灌丛中。

A48 百部科 Stemonaceae
大百部 *Stemona tuberosa*

攀援植物。叶对生或轮生。花单生或为总状花序，花被片黄绿色带紫色脉纹，雄蕊紫红色，花药顶端具短钻状附属物。

生于海拔 2300 m 以下的林内、灌丛或草坡。

A53 藜芦科 Melanthiaceae

禄劝花叶重楼 *Paris luquanensis*

多年生矮小草本。根状茎土褐色。茎紫色。叶 4～6，倒卵形或菱形，叶背深紫色。萼片披针形；花瓣丝状，黄色。果深紫色或绿色。

生于海拔 2100～2800 m 的常绿阔叶林或灌丛中。

滇重楼
Paris polyphylla var. *yunnanensis*

草本。叶轮生，厚纸质。外轮花被片披针形，内轮花被片条形，雄蕊 10～12，花丝极短，子房球形，花柱粗短。蒴果。

生于海拔 1400～3100 m 的林下、灌丛或草坡中。

无瓣黑籽重楼
Paris thibetica var. *apetala*

多年生草本。根状茎黄褐色。茎绿色。叶轮生。无花瓣，柱头绿色，花柱基紫色，子房长圆锥形，绿色。果近球形。

生于海拔 2500～3800 m 的沟谷阔叶林、山坡疏林或林缘。

A53 藜芦科 Melanthiaceae
毛叶藜芦 *Veratrum grandiflorum*

多年生草本,基部具无网眼的纤维束。圆锥花序塔状;花大,密集,绿白色,花被片宽矩圆形或椭圆形;子房长圆锥状,密生短柔毛。蒴果。

生于海拔 2900 ～ 3700 m 的山坡林下或草地。

A56 秋水仙科 Colchicaceae
万寿竹 *Disporum cantoniense*

草本。叶披针形至矩圆状披针形。伞形花序着生在与上部叶对生的短枝顶端;花被片紫色,基部有距。浆果。种子暗棕色。

生于海拔 700 ～ 3000 m 的灌丛中或林下。

山慈姑 *Iphigenia indica*

草本。球茎具膜质外皮。叶条状长披针形,抱茎。伞房花序;花被片6,暗紫色,狭条状;花柱短,上部3裂,裂片外卷。蒴果室背开裂。

生于海拔 1900 ～ 3300 m 的林下或草坡。

A59 菝葜科 Smilacaceae

长托菝葜 *Smilax ferox*

攀援灌木。叶厚革质；叶柄脱落点位于鞘上方。伞形花序生于小枝上，具多数宿存小苞片；花黄绿色。浆果熟时红色。

生于海拔 1800 ～ 3400 m 的林下或灌丛。

土茯苓 *Smilax glabra*

攀援灌木。单叶互生，狭椭圆状披针形；叶柄有卷须，脱落点位于近顶端。伞形花序，花绿白色，花序托膨大。浆果球形。

生于海拔 800 ～ 2200 m 的路旁、林内或林缘。

马钱叶菝葜 *Smilax lunglingensis*

攀援灌木。单叶互生，厚革质；叶柄中部具卷须。短圆锥花序；花序托近球形；花黄色，雄蕊长。果球形，熟时黑色。

生于海拔 1800 ～ 2700 m 的林下、灌丛、河谷或山坡阴湿地。

A59 菝葜科 Smilacaceae
无刺菝葜 *Smilax mairei*

    攀援灌木。叶薄革质；叶柄脱落点位于近顶端。伞形花序，宿存的小苞片呈莲座状，花淡绿色或红色。浆果熟时蓝黑色。

    生于海拔 1700 ～ 2850 m 的林内或路边灌丛。

A60 百合科 Liliaceae
紫红花滇百合
Lilium bakerianum var. *rubrum*

    草本。具鳞茎。叶条形，叶缘及下面沿中脉有乳头状突起。花钟形，红色或粉红色，有紫红色斑点；花药橙黄色；柱头球形，3 裂。蒴果。

    生于海拔 1700 ～ 2360 m 的林下、草坡或石坡。

淡黄花百合 *Lilium sulphureum*

    草本。鳞茎球形。叶散生，披针形，叶腋具珠芽。花被片冠檐白色，下部黄色，先端外卷；雄蕊上部向上弯。蒴果。

    生于海拔 1300 ～ 1900 m 的落叶阔叶林、杂木林、灌丛或草坡。

A60 百合科 Liliaceae

尖果洼瓣花 Lloydia oxycarpa

多年生草本。鳞茎卵状。基生叶
3 ～ 7，茎生叶狭条形。通常单花顶
生，花被片 6，黄色或绿黄色，花丝
淡黄色。蒴果狭倒卵状圆柱形。

生于海拔 3000 ～ 4300 m 的山坡、
草地或疏林下。

云南洼瓣花 Lloydia yunnanensis

多年生草本。基生叶 1 ～ 2，茎
生叶互生，狭条状披针形。花 1（～2）
顶生，花被片 6，白色，有紫斑，花
柱细长。蒴果。

生于海拔 2800 ～ 4000 m 的岩壁。

A61 兰科 Orchidaceae

三棱虾脊兰 Calanthe tricarinata

草本，地生兰。假鳞茎圆球状。
叶薄纸质，椭圆形或倒卵状披针形。
总状花序；花瓣和萼片浅黄色，唇瓣
红褐色，唇盘上具鸡冠状褶片，无
距。

生于海拔 1700 ～ 3500 m 的山坡
草地或混交林下。

A61 兰科 Orchidaceae

头蕊兰 *Cephalanthera longifolia*

　　草本，地生兰。根状茎粗短。茎直立。叶 4～7，互生。花白色，唇瓣基部具囊，子房线状三棱形，扭曲。蒴果。

　　生于海拔 2100～2900 m 的疏林中。

川滇叠鞘兰 *Chamaegastrodia inverta*

　　草本，腐生兰，全株褐黄色。茎具密集叠生鞘状鳞片。总状花序；花瓣线形至线状披针形，橙黄色；花药无花丝，基部宽。蒴果卵球形。

　　生于海拔 1800～2600 m 的山坡林下。

兔耳兰 *Cymbidium lancifolium*

　　草本，半附生植物。假鳞茎狭梭形。叶狭椭圆形。花白色至淡绿色，花瓣具紫栗色中脉，唇瓣具紫栗色斑。蒴果狭椭圆形。

　　生于海拔 1000～2200 m 的林下、树上或岩石上。

A61 兰科 Orchidaceae

火烧兰 *Epipactis helleborine*

　　草本，地生兰。叶 4～6，卵圆形至披针形。总状花序；花绿白色或淡紫色，唇瓣下唇为兜状，上下唇近等长。蒴果倒卵形至长椭圆形。

　　生于海拔 1300～3300 m 的山坡草地、林下、灌丛、沟边或路旁。

二叶盔花兰 *Galearis spathulata*

　　草本，地生兰。叶通常 2，近对生。花序具 1～5 花；花瓣卵状长圆形，紫红色，唇瓣长圆形或卵圆形，基部有距，距远短于子房。

　　生于海拔 3000～4300 m 的林下、高山灌丛或高山草甸。

波密斑叶兰 *Goodyera bomiensis*

　　草本，地生兰。叶基生，呈莲座状。花茎细长，密被腺状柔毛，下部具苞叶和鞘状苞片。总状花序多花；花小，子房纺锤形，被腺状柔毛，花被片黄白色，略呈棕黄色，唇瓣囊厚，内面在中脉两侧各具 2～4 乳头状突起。

　　生于海拔 1600～2800 m 的林下落叶层中。

A61 兰科 Orchidaceae

斑叶兰 *Goodyera schlechtendaliana*

草本，地生兰。茎直立，被长柔毛。叶具黄白色斑纹。总状花序；花白色，中萼片和花瓣靠合成兜状，唇瓣凹陷成囊状，合蕊柱短。

生于海拔 2000 ～ 2400 m 的山坡或沟谷常绿阔叶林下。

落地金钱 *Habenaria aitchisonii*

草本，地生兰。茎被乳突状柔毛。基部具 2 近对生单叶，叶卵圆形，全缘。总状花序；花黄绿色或绿色，唇瓣 3 深裂。蒴果。

生于海拔 2100 ～ 3200 m 的山坡林下、灌丛下或草地上。

厚瓣玉凤花 *Habenaria delavayi*

草本，地生兰。叶基生，呈莲座状。总状花序；花瓣厚线形，白色，基部扭卷，向后倾斜，唇瓣基部 3 深裂；距较子房长。蒴果。

生于海拔 1500 ～ 3000 m 的山坡林下、林间草地或灌丛草地。

A61 兰科 Orchidaceae

齿片玉凤花 *Habenaria finetiana*

草本，地生兰。块茎肉质。叶片心形或卵形。花白色，唇瓣宽倒卵形，侧裂片边缘具锯齿，距圆筒状，下垂，柱头2，长圆形。

生于海拔 2000～2700 m 的山坡林下或草丛中。

宽药隔玉凤花 *Habenaria limprichtii*

草本，地生兰。块茎卵圆形。叶卵形或披针形。总状花序；花瓣白色，侧裂片边缘篦齿状，细裂片8～10，丝状，距圆筒状，下垂，药隔宽8～10 mm。

生于海拔 2200～3500 m 的山坡林下、灌丛或草地。

禄劝玉凤花 *Habenaria luquanensis*

草本，地生兰。基生叶莲座状，长圆状披针形。总状花序；花白色，唇瓣3裂，侧裂片狭长圆形，中裂片线形，距白色，长于子房。

生于海拔 1800～2200 m 的阔叶林下或者灌丛。

A61 兰科 Orchidaceae

凸孔阔蕊兰 *Herminium coeloceras*

草本，地生兰。块茎卵球形。总状花序；花白色，芳香，花瓣斜卵形，唇瓣楔形，唇盘具胼胝体，距圆球状，柱头 2，退化雄蕊圆形。

生于海拔 2000～3900 m 的山坡针阔叶混交林下、山坡灌丛下或高山草地。

一掌参 *Herminium forceps*

草本，地生兰。全株黄绿色。单叶互生，基部具鞘，茎被短柔毛。总状花序；花圆柱状，黄绿色，唇瓣舌状披针形，不裂。蒴果。

生于海拔 1300～2000 m 的山坡草地、山脚沟边或林下。

白鹤参 *Herminium latilabre*

草本，地生兰。块茎肉质。茎基部具筒状鞘。单叶互生。花黄绿色，唇瓣线形或披针形；距长，长超过子房；柱头 2，离生。

生于海拔 1600～3500 m 的山坡林下、灌丛下或草地。

A61 兰科 Orchidaceae

长距舌喙兰 *Hemipilia forrestii*

草本，地生兰。块茎椭圆状。叶片卵状长圆形，无柄，抱茎。总状花序；花玫瑰紫色；中萼片直立，侧萼片斜歪；距长约 30 mm，稍内弯，从基部向顶端渐狭，顶端近急尖。

生于海拔 1400～2500 m 的山坡林下、灌丛或草地。

羊耳蒜 *Liparis campylostalix*

草本，地生兰。基生叶 2，基部收狭成鞘状柄。花序总状；花常淡绿色，萼片线状披针形，具 3 脉，花瓣丝状，具 1 脉。蒴果。

生于海拔 1800～2600 m 的林下或草丛。

独蒜兰 *Pleione bulbocodioides*

草本，地生或附生。单叶，狭椭圆状披针形或近倒披针形，纸质。花单生，粉红色至淡紫色，唇瓣上有深色斑，3 裂。蒴果近长圆形。

生于海拔 1850～3400 m 的常绿阔叶林下、林缘或岩石上。

A61 兰科 Orchidaceae

云南独蒜兰 *Pleione yunnanensis*

　　草本，地生或附生。单叶，披针形至椭圆形，纸质。花单生，粉红色，唇瓣具紫色或深红色斑，3 裂。蒴果纺锤状圆柱形。

　　生于海拔 1850 ～ 3400 m 的常绿阔叶林下、林缘或岩石上。

卵叶无柱兰 *Ponerorchis hemipilioides*

　　草本，地生兰。块茎长圆形。茎纤细。叶片卵圆形或近圆形。总状花序；花白色或玫瑰色，具褐色斑点，距下垂，圆筒状，柱头 2，长圆形。

　　生于海拔 2400 ～ 2500 m 的山坡阴湿处、岩石缝中或林下。

缘毛鸟足兰
Satyrium nepalense var. *ciliatum*

　　草本，地生兰。茎基部具膜质鞘。叶片长圆形。总状花序；花粉红色；中萼片近先端边缘具缘毛；唇瓣兜状，距短于子房。蒴果椭圆形。

　　生于海拔 1800 ～ 3000 m 的草坡上或林下。

A61 兰科 Orchidaceae

云南鸟足兰 Satyrium yunnanense

　　草本，地生兰。块根肉质。单叶互生，卵形至椭圆形，全缘。总状花序顶生；花黄色至金黄色，唇瓣具2距。蒴果椭圆形。

　　生于海拔 2000 ～ 3700 m 的疏林下、草坡或岩山缝隙。

A66 仙茅科 Hypoxidaceae

小金梅草 Hypoxis aurea

　　多年生草本。根状茎肉质，球形或长圆形。叶狭线形。花序有淡褐色疏长毛；花黄色，花柱短、直立。蒴果棒状，成熟时 3 瓣开裂。

　　生于海拔 1000 ～ 3000 m 的山野荒地。

A70 鸢尾科 Iridaceae

高原鸢尾 Iris collettii

　　多年生草本。叶条形，基部鞘状，互相套叠。花深蓝色或蓝紫色，上部喇叭形，花药黄色，花丝白色。蒴果绿色，顶端有短喙。

　　生于海拔 1650 ～ 3500 m 的高山草地。

A70 鸢尾科 Iridaceae
扁竹兰 *Iris confusa*

　　多年生草本。叶片宽剑形，两面
略带白粉，无明显的纵脉。花浅蓝色
或白色，花梗与苞片等长或略长，花
被裂片顶端微凹，边缘波状皱褶。
　　生于海拔 700～2400 m 的林缘、
疏林、沟谷湿地、山坡草地。

A72 阿福花科 Asphodelaceae
折叶萱草 *Hemerocallis plicata*

　　多年生草本。叶较窄，常对折。
花葶从叶丛中央抽出；花直立或平
展，近漏斗状，下部具花被管，花药
背着或近基着。蒴果倒卵形。
　　生于海拔 1800～2900 m 的草地、
山坡、松林。

A73 石蒜科 Amaryllidaceae
蓝花韭 *Allium beesianum*

　　多年生草本。鳞茎数枚聚生，外
皮褐色。叶条形，比花葶短。伞形花
序半球状，较疏散；花蓝色，狭钟状；
小花梗近等长，花丝近等长。
　　生于海拔 3000～4200 m 的山坡、
草地。

A73 石蒜科 Amaryllidaceae

大花韭 *Allium macranthum*

多年生草本。鳞茎外皮白色，膜质，不裂或很少破裂成纤维状。叶条形扁平，具中脉。伞形花序少花；小花梗近等长，花丝近等长。

生于海拔 2700～4200 m 的草坡、河滩、草甸。

滇韭 *Allium mairei*

多年生草本。鳞茎破裂成纤维状。叶具细的纵棱，沿棱具细糙齿。伞形花序基部无苞片；花喇叭状开展，淡红色至紫红色，花丝等长。

生于海拔 1200～4200 m 的山坡、石缝、草地、林下。

多星韭 *Allium wallichii*

多年生草本。鳞茎片状破裂或呈纤维状。叶具中脉。伞形花序扇状至半球状，具多数疏散或密集的花，星芒状开展；花丝等长。

生于海拔 2300～4000 m 的湿润草坡、林缘、灌丛、沟边。

A73 石蒜科 Amaryllidaceae

忽地笑 *Lycoris aurea*

  多年生草本。鳞茎卵形。叶剑形，中间淡色带明显。伞形花序；花黄色，花被裂片背面具淡绿色中肋，花丝黄色，花柱上部玫瑰红色。

  生于海拔 1600 ～ 2300 m 的阴湿山坡。

A74 天门冬科 Asparagaceae

羊齿天门冬 *Asparagus filicinus*

  直立草本。根成簇，基部成纺锤状膨大。茎近平滑，分枝通常有棱，有时稍具软骨质齿。叶状枝每 5 ～ 8 成簇。花 1 ～ 2 腋生，淡绿色。

  生于海拔 1200 ～ 3000 m 的丛林、山谷阴湿处。

昆明天门冬 *Asparagus mairei*

  直立草本。茎和分枝都有纵棱。叶状枝通常每 4 ～ 9 成簇，近扁圆柱形，鳞片状叶基部延伸为刺状短距，无明显的硬刺。花 2 朵腋生。

  生于阴湿的山野林边、山坡草丛、丘陵地灌木丛中。

A74 天门冬科 Asparagaceae
密齿天门冬 *Asparagus meioclados*

　　直立草本。茎和分枝具棱并密生软骨质齿。叶状枝每 5 ～ 10 成簇，鳞片状叶基部为近刺状的距。雄花 1 ～ 3 腋生。浆果成熟时红色。

　　生于海拔 1300 ～ 3500 m 的林下、山谷、溪边、山坡。

西南吊兰 *Chlorophytum nepalense*

　　多年生草本。叶形长条形、条状披针形至近披针形。花白色，单生或 2 ～ 3 花簇生，通常排成疏离的总状花序。蒴果三棱状，倒卵形。

　　生于海拔 1300 ～ 2750 m 的林缘、草坡、山谷岩石上。

深裂竹根七 *Disporopsis pernyi*

　　多年生草本。叶纸质，先端渐尖或近尾戈状，基部圆形或钝，两面无毛。花白色生于叶腋，俯垂，花被钟形。浆果近球形，熟时暗紫色。

　　生于海拔 1500 ～ 2500 m 的林下石山、荫蔽山谷水旁。

A74 天门冬科 Asparagaceae
鹭鸶草 *Diuranthera major*

多年生草本。叶条形或舌状,边缘有极细的锯齿,质软。花葶直立;总状花序或圆锥花序疏生多数花;花白色,常双生,逐一开放。

生于海拔 1200～2500 m 的山坡阴湿处。

小鹭鸶草 *Diuranthera minor*

多年生草本。叶条形或舌状,草质而稍带肉质。总状花序或圆锥花序具稀疏的花;花 2～3 簇生,白色,花梗具关节,花丝丝状弧曲。

生于海拔 1300～3200 m 的草坡、林下、路旁。

间型沿阶草 *Ophiopogon intermedius*

多年生草本。植株丛生。根状茎。叶成禾叶状,背面中脉明显。总状花序具 15～20 花;花单生或 2～3 花簇生于苞片腋内,白色或淡紫色。

生于海拔 1000～3000 m 的山谷、林下阴湿处、水沟边。

A74 天门冬科 Asparagaceae

卷叶黄精 *Polygonatum cirrhifolium*

多年生草本。根状茎连珠状。叶常 3～6 轮生，条形或披针形，先端卷或弯曲成钩状。花序轮生；花被淡紫色，花丝丝状。浆果熟时红色。

生于海拔 2800～3600 m 的林下、灌丛、阴湿草坡、岩石上。

康定玉竹 *Polygonatum prattii*

多年生草本。根状茎圆柱形。叶顶端常 3 轮生，椭圆形至矩圆形。花梗俯垂；花被淡紫色，筒里面平滑或呈乳头状粗糙；花丝极短。

生于海拔 2500～3300 m 的林下、灌丛、山坡草地。

吉祥草 *Reineckea carnea*

多年生草本。根状茎匍匐。叶簇生根状茎末端。花葶淡绿色；穗状花序轴紫色，花密；花柱细长，下部紫色，上部白色。浆果紫红色。

生于海拔 2000～4000 m 的林下、山坡或草地。

A74 天门冬科 Asparagaceae
李恒开口箭 *Rohdea lihengiana*

多年生草本。根状茎圆柱状。叶基生，披针形，先端渐尖，纸质；无叶柄。花序密集多花；花黄色或绿色，宽卵形，边缘白色。浆果球形。

生于海拔约 2000 m 的林下。

云南开口箭 *Rohdea yunnanensis*

多年生草本。叶生于短茎上，近革质。穗状花序，总花梗长 8 ～ 12 cm；苞片披针形，先端渐尖，花近钟状，花柱不明显。浆果卵形红色。

生于海拔 1600 ～ 2800 m 的林下。

A78 鸭跖草科 Commelinaceae
饭包草 *Commelina benghalensis*

多年生披散草本。茎匍匐，节生根，被疏柔毛。叶有柄，近无毛。萼片膜质，披针形，无毛；花瓣蓝色，圆形，内面 2 花瓣具长爪。

生于海拔 1500 ～ 2300 m 的湿地。

A78 鸭跖草科 Commelinaceae
蓝耳草 *Cyanotis vaga*

多年生披散草本，密被长硬毛。茎多分枝，叶披针形。蝎尾状聚伞花序顶生兼腋生，佛焰苞状，花瓣蓝色或蓝紫色，花丝被蓝色绵毛。

生于海拔 3300 m 以下的疏林、山坡草地。

紫背鹿衔草 *Murdannia divergens*

多年生草本。茎单支直立，疏被毛。叶 4 ～ 10，全部茎上着生。蝎尾状聚伞花序，对生或轮生，无毛；花紫色或紫红色，花丝具紫色绵毛。

生于海拔 1500 ～ 3400 m 的林下、林缘、湿润草地。

竹叶吉祥草 *Spatholirion longifolium*

多年生缠绕草本，近无毛。叶片卵状披针形。圆锥花序总梗长达 10 cm；花无梗，萼片草质，花紫色或白色。蒴果顶端有芒状突尖。

生于海拔 2700 m 以下的山谷密林、树干上。

A78 鸭跖草科 Commelinaceae
竹叶子 *Streptolirion volubile*

多年生攀援草本。茎无毛。叶心状圆形。蝎尾状聚伞花序有 1 至数花集成圆锥状；花无梗，花白色线形。蒴果顶端芒状突尖。

生于海拔 1100～3000 m 的山谷、灌丛、密林、草地。

A85 芭蕉科 Musaceae
地涌金莲 *Musella lasiocarpa*

多年生草本。叶长椭圆形，有白粉。花序球穗状；苞片干膜质，黄色或淡黄色，有花 2 列。浆果三棱状卵形，密被硬毛。

生于海拔 1500～2500 m 的干旱坡地，或栽种于耕地、庭园内。

A89 姜科 Zingiberaceae
滇姜花 *Hedychium yunnanense*

多年生草本。叶椭圆形或狭椭圆状披针形。穗状花序；苞片长圆形，内卷，黄绿色，内生 1 花，花冠管纤细。蒴果。

生于海拔 1700～2200 m 的山坡林下。

A89 姜科 Zingiberaceae
大苞姜（苞叶姜）
Pyrgophyllum yunnanense

　　多年生草本。叶长圆状披针形至卵形，叶背被毛。花序顶生；苞片基部边缘与花序轴贴生成囊状，花黄色，唇瓣深 2 裂。
　　生于海拔 1500 ～ 3000 m 的山坡林下。

藏象牙参 *Roscoea tibetica*

　　多年生草本，先叶后花。茎基部有鞘。叶椭圆形，2 列。花 1 ～ 3，顶生，蓝紫色，花冠管稍较萼管为长，后方的 1 裂片长圆形。蒴果。
　　生于海拔 2400 ～ 3800 m 的山坡林下或林缘草地。

阳荷 *Zingiber striolatum*

　　多年生草本。叶片长圆形；叶舌全缘，有毛。穗状花序多花；苞片内生单花，花冠裂片白色或稍带黄色，唇瓣淡紫色。蒴果扁球形。
　　生于海拔 1500 ～ 2300 m 的林下。

A97 灯心草科 Juncaceae

孟加拉灯心草 *Juncus benghalensis*

多年生草本。茎丛生，直立，纤细。叶基生和茎生，叶片顶端尖锐。头状花序单一，顶生；雄蕊 6，长于花被片。蒴果椭圆形。

生于海拔 2200 ～ 4200 m 的山坡石砾上或草原湿地。

雅灯心草 *Juncus concinnus*

多年生草本。叶线形。头状花序排成聚伞状花序；花白色至黄色，雄蕊长于花被片。蒴果三棱状卵形至椭圆形。

生于海拔 2800 ～ 3600 m 的路边、草地。

灯心草 *Juncus effusus*

多年生草本，茎高 50 ～ 100 cm，粗壮。叶片退化为刺芒状。聚伞花序假侧生；花淡绿色，花被片线状披针形，雄蕊 3。蒴果长圆形或卵形。

生于海拔 1200 ～ 3400 m 的沼泽地。

A97 灯心草科 Juncaceae

甘川灯心草 Juncus leucanthus

　　多年生草本。根状茎横生，茎丛生。头状花序顶生；花被片6，淡白色，雄蕊6，长于花被片。蒴果三棱状卵形。种子两端具尾状附属物。

　　生于海拔 3000 ～ 4000 m 的高山草甸或阴坡湿地。

多花地杨梅 Luzula multiflora

　　多年生草本。叶线状披针形，边缘具白色长毛。聚伞花序顶生，花被片披针形，淡褐色至红褐色。蒴果三棱状倒卵形。

　　生于海拔 1800 ～ 4000 m 的山坡、山顶草丛或灌丛中。

羽毛地杨梅 Luzula plumosa

　　多年生草本。叶披针形，边缘具白色丝状毛。聚伞花序；苞片2，披针形，花被片6，顶端具芒刺。蒴果卵状三角形。种子具尾状附属物。

　　生于海拔 2800 ～ 3800 m 的路旁杂木林中或水边潮湿地。

A98 莎草科 Cyperaceae
尖鳞薹草
Carex atrata subsp. *pullata*

多年生草本。秆丛生，三棱形。基部叶鞘无叶片，紫红色，叶短于秆。小穗 3～5，顶生。果囊椭圆形或卵形。小坚果倒卵形或三棱形。

生于海拔 2700～4000 m 的高山灌丛草甸、高山草甸及林间空地。

浆果薹草 *Carex baccans*

多年生草本。秆密丛生。叶基部具红褐色宿存叶鞘。圆锥花序复出。果囊倒卵状球形或近球形，成熟时红色。小坚果椭圆形。

生于海拔 760～2400 m 的山谷、林下、灌丛中、河边或村旁。

簇穗薹草 *Carex fastigiata*

多年生草本。秆丛生，钝三棱形。叶短于秆，基部具叶鞘。苞片叶状；穗状花序；雄花鳞片狭卵形，雌花鳞片卵状披针形。小坚果长圆形或三棱形。

生于海拔 3300～3600 m 山坡、山谷或河边草地。

A98 莎草科 Cyperaceae

云雾薹草 *Carex nubigena*

多年生草本。秆丛生,三棱形。叶线形。穗状花序。果囊卵状披针形或长圆状椭圆形,淡绿色,喙口2齿裂。小坚果紧包裹囊中,淡棕色。

生于海拔 2400 ～ 3000 m 的林下、河边湿草地或高山灌丛草甸。

砖子苗 *Cyperus cyperoides*

多年生草本。秆散生或疏丛生,锐三棱形,平滑。叶基生。苞片叶状;小穗线状披针形,具白色透明的宽翅,雄蕊 3,柱头 3。坚果。

生于海拔 800 ～ 3200 m 山坡阳处、路旁草地、松林下或溪边。

云南莎草 *Cyperus duclouxii*

多年生草本。秆扁三棱状。叶鞘红褐色。苞片叶状;聚伞花序;小穗3 ～ 10,卵形或披针形。小坚果长圆形或椭圆形,淡黄色。

生于海拔约 2500 m 的水边或山地湿草地上。

A98 莎草科 Cyperaceae
香附子 *Cyperus rotundus*

多年生草本。叶基生，叶鞘棕色。苞片叶状；辐射枝斜向开展。小穗条形，小穗轴具白色透明的翅，鳞片暗血红色，雄蕊 3，柱头 3。坚果。

生于海拔 1000 ~ 2600 m 的山坡荒地草丛中或水边潮湿处。

丛毛羊胡子草 *Erioscirpus comosus*

多年生草本。秆密丛生，钝三棱状。叶基生，条形，具细齿。聚伞花序伞房状；小穗多数，鳞片褐色，下位刚毛极多数。小坚果顶端有喙。

生于海拔 1100 ~ 3000 m 的岩壁上、干热河谷或山坡草丛中。

A103 禾本科 Poaceae
泸水剪股颖 *Agrostis nervosa*

多年生草本。秆直立。叶片扁平或内卷，线形或针状。圆锥花序开展，较疏松；小穗紫红色，颖片披针形，外稃无芒或顶部具短芒，基盘无毛。

生于海拔 3000 m 以上的高山草地。

A103 禾本科 Poaceae

荩草 *Arthraxon hispidus*

一年生草本。秆较纤细。叶片卵披针形。总状花序；穗轴节间通常光滑无毛或近无毛，具芒，中部膝曲，雄蕊2，花药深黄色。

生于海拔 1300～1800 m 的田野草地、丘陵灌丛或山坡疏林。

西南野古草 *Arundinella hookeri*

多年生草本。叶片两面密被疣毛。圆锥花序；小穗灰绿色至褐紫色，两颖上部疏生硬疣毛，花药紫黑色。颖果淡棕色。

生于海拔 1800～3200 m 的山坡草地或疏林中。

草地短柄草 *Brachypodium pratense*

多年生草本。秆丛生，基部常分枝。叶鞘密生柔毛，叶背无毛。总状花序；小穗光滑无毛，颖片披针形，无毛，芒较细弱，通常劲直，花药黄色。

生于海拔 1700～3700 m 的山坡草地。

A103 禾本科 Poaceae

糙野青茅 *Calamagrostis scabrescens*

多年生草本。叶片内卷。圆锥花序，分枝数枚簇生；小穗草黄色或紫色，颖片长圆状披针形，粗糙，内稃约短于外稃1/3。

生于海拔2900 m以上的高山草地或林下。

鸭茅 *Dactylis glomerata*

多年生草本。叶鞘通常闭合达中部以上，叶舌顶端撕裂状。圆锥花序；小穗含2至数花，绿色或稍带紫色。颖果长圆而略呈三角形。

生于海拔1500～4000 m的丘陵、平地、灌丛、林缘或山坡草地。

钙生披碱草（钙生鹅观草）
Elymus calcicola

多年生草本。秆纤细，丛生。叶片扁平或内卷。穗状花序；内稃脊上除近基部外具短纤毛，花药黄色。颖果红棕色。

生于海拔2200～3200 m的山坡或湿润草地。

A103 禾本科 Poaceae

西藏羊茅 *Festuca tibetica*

草本。植株密集簇生，基部有老的鞘宿存。叶鞘无毛，叶耳存在或无。圆锥花序；小穗带绿色或紫色，颖片无毛；外稃粗糙，被短柔毛。

生于海拔 2700 ~ 4000 m 的草坡。

镰稃草 *Harpachne harpachnoides*

多年生草本。秆多数丛生。叶片质硬。总状花序顶生；小穗线状长圆形，颖片先端急尖；内稃椭圆形，背部向内弯曲呈镰刀形。颖果稍扁。

生于海拔 1900 ~ 2400 m 的山坡草地或林缘。

云南异燕麦 *Helictotrichon delavayi*

多年生草本。秆少数丛生。圆锥花序，卵状长圆形；小穗长圆形，绿色并带紫红色，颖膜质，披针形，芒自稃背伸出；内稃略短于外稃。

生于海拔 3300 m 的山坡草地。

A103 禾本科 Poaceae

黄茅 *Heteropogon contortus*

多年生草本。叶片线形。总状花序；芒常扭卷成一束，无柄小穗线形，成熟时圆柱形，有柄小穗长圆状披针形，无芒，绿色或带紫色。

生于海拔 1600 ～ 2300 m 的干热河谷或干燥的山坡草地。

白茅 *Imperata cylindrica*

多年生草本，具根状茎。秆直立。叶片多基生，剑形。圆锥花序稠密；两颖草质，雄蕊 2，柱头 2，紫黑色，羽状。颖果。

生于海拔 1800 ～ 2800 m 的荒地、山坡道旁、溪边或山谷湿地。

小草 *Microchloa indica*

多年生或一年生草本。叶片细线形。穗状花序，常呈弧形；小穗披针形，灰绿色或带紫色，无芒，第一颖宿存，花药黄色。颖果。

生于海拔 1700 ～ 2500 m 的干燥山坡草地。

A103 禾本科 Poaceae
喜马拉雅乱子草
Muhlenbergia himalayensis

多年生草本。叶片线形。圆锥花序稀疏，线形或线状长圆形；小穗灰绿带紫色，颖膜质，披针形，芒常为紫色，花药黄色。

生于海拔 2000 ～ 2500 m 的山谷湿地、水沟边或林下灌丛中。

圆果雀稗 *Paspalum orbiculare*

多年生草本。叶鞘长于其节间，无毛；叶片长披针形至线形。总状花序 2 ～ 10 枚相互间距排列；小穗椭圆形或倒卵形，单生于穗轴一侧，覆瓦状排列成 2 行。

生于海拔 1000 ～ 2000 m 的丘陵灌丛、山坡道旁及田野湿润地区。

高山梯牧草 *Phleum alpinum*

多年生草本。叶片直立，基部圆形。圆锥花序圆柱形到卵球形，常呈暗紫色；小穗长圆形，颖具 3 脉，脊上具硬纤毛。颖果长圆形。

生于海拔 3800 ～ 4000 m 的灌丛草甸或林缘。

A103 禾本科 Poaceae

旱茅 *Schizachyrium delavayi*

　　多年生草本。秆直立丛生。叶鞘无毛，近鞘口具柔毛；叶舌边缘具短缘毛。总状花序，略带紫色；节间的轴和花梗具丝状白色纤毛状。

　　生于海拔 2000 ～ 3500 m 的山坡路旁、荒地或荒坡。

箭叶大油芒 *Spodiopogon sagittifolius*

　　草本。叶片线状披针形，基部2裂呈箭镞形。花序分枝轮生；两颖近相等，草质，背部具 11 ～ 13 脉，雄蕊 3，柱头帚刷状。

　　生于海拔 1500 ～ 1800 m 的石灰岩山地灌丛或草坡。

线形草沙蚕 *Tripogon filiformis*

　　多年生草本。秆丛生，纤细。叶片线状，常内卷如针状。穗状花序顶生；小穗近无柄，铅绿色，内稃脊上具小纤毛。

　　生于海拔 1500 ～ 2500 m 的岩石缝隙间或路边草丛。

A103 禾本科 Poaceae

毛臂形草 *Urochloa villosa*

一年生草本。全株被柔毛。叶片卵状披针形，两面被毛。圆锥花序；小穗卵形或椭圆形，单生，小穗柄有毛。鳞被2，膜质。

生于海拔 800 ~ 2200 m 的田野路旁或山坡草地。

A106 罂粟科 Papaveraceae

小距纤细黄堇

Corydalis gracillima var. *microcalcarata*

一年生草本。叶三回三出分裂。总状花序；花瓣黄色，下部呈囊状，并向下延伸成 1 小距，外花瓣无鸡冠状突起。蒴果。种子近圆形，黑色。

生于海拔 2800 ~ 4000 m 的灌丛、草坡或沟边。

远志黄堇 *Corydalis polygalina*

草本。茎生叶片轮廓宽卵形，一回奇数羽状全裂。总状花序顶生和腋生；花瓣黄色，背部具淡绿色的矮鸡冠状突起，距圆筒形。蒴果。

生于海拔 3800 ~ 4200 m 的山坡、山顶灌丛或石缝中。

A106 罂粟科 Papaveraceae

假川西紫堇 *Corydalis pseudoweigoldii*

草本。茎基部常弯曲，具柔毛。叶片近三角形，二回三出分裂。总状花序；花蓝色，外花瓣无鸡冠状突起，具耳状突起，距圆筒形。蒴果线形。

生于海拔 3600 ～ 3800 m 的山坡冷杉林下。

金钩如意草 *Corydalis taliensis*

草本。根茎匍匐。基生叶近圆形或楔状菱形，二回至三回三出全裂。总状花序；花蓝紫色或粉红色；下部苞片浅裂，上部全缘。蒴果圆柱形。

生于海拔 1500 ～ 1800 m 的林下、灌丛下或草丛中。

重三出黄堇 *Corydalis triternatifolia*

多年生草本。茎数条，少数分枝。叶三回三出全裂。总状花序顶生；花瓣黄色，背部具稍高的鸡冠状突起，距圆筒形。蒴果狭倒卵形。

生于海拔 1700 ～ 3150 m 的林下、林缘灌丛中或草坡。

A106 罂粟科 Papaveraceae

扭果紫金龙 *Dactylicapnos torulosa*

草质藤本。二回或三回三出复叶；小叶卵形，叶背具白粉，全缘。总状花序伞房状；花瓣淡黄色。蒴果，念珠状，紫红色。

生于海拔 1200～3000 m 的林下、灌丛中、路边或箐沟边。

多刺绿绒蒿 *Meconopsis horridula*

一年生草本。全体被黄褐色的刺。叶基生，披针形，全缘或波状。花单生于花葶，半下垂，花瓣 4～8，蓝紫色，柱头圆锥状。蒴果。

生于海拔 3600～4200 m 的草坡或碎石滩。

全缘叶绿绒蒿 *Meconopsis integrifolia*

一年生草本。全体被长柔毛。茎不分枝。叶片倒披针形或近匙形，全缘。花 4～5，生于茎生叶腋，花瓣黄色，花药橘红色，柱头头状。蒴果。

生于海拔 2700～4000 m 的草甸或灌丛。

A106 罂粟科 Papaveraceae

长叶绿绒蒿 *Meconopsis lancifolia*

一年生草本。茎直立，被黄褐色硬毛。叶基生，全缘。总状花序；花瓣 4 ～ 8，紫色或蓝色，花药黄色至黑褐色，柱头头状，淡黄色。蒴果。

生于海拔 3300 ～ 4200 m 的高山草地或林下。

总状绿绒蒿 *Meconopsis racemosa*

一年生草本。全株被刺毛。茎圆柱形，不分枝。叶全缘或波状。花生于茎生叶腋，花瓣 5 ～ 8，天蓝色或蓝紫色，花药黄色，柱头长圆形。蒴果。

生于海拔 3800 ～ 4200 m 的流石滩或草坡。

东部威氏绿绒蒿
Meconopsis wilsonii subsp. *orientalis*

一年生草本。全株被长柔毛。茎具分枝，叶羽状裂。总状圆锥花序；花下垂，花瓣 4，蓝色或紫色，花药橘黄色，柱头头状。蒴果。

生于海拔 2700 ～ 4000 m 的草坡。

A106 罂粟科 Papaveraceae
乌蒙绿绒蒿 *Meconopsis wumungensis*

一年生草本。叶基生，边缘圆裂；叶柄基部扩大成鞘。花葶 1 ~ 2，被硬毛；花单生于花葶上；花瓣 4，蓝紫色，花药黄色，子房疏被硬毛。

生于海拔 3600 m 左右的润湿石山或崖壁。

A109 防己科 Menispermaceae
地不容 *Stephania epigaea*

草质落叶藤本。块根硕大，扁球状。嫩枝稍肉质，紫红色。叶扁圆形，全缘。单伞形聚伞花序，腋生；花单性，聚药雄蕊。核果熟时红色。

生于海拔 1000 ~ 2500 m 的石灰岩山地。

A110 小檗科 Berberidaceae
多花大黄连刺 *Berberis centiflora*

常绿灌木。茎刺三分叉，细弱。叶革质，倒披针形，先端钝尖，具刺尖头，缘具刺齿。花 20 ~ 30 簇生，黄色。浆果具宿存花柱。

生于海拔 1850 ~ 2700 m 的山谷路旁。

A110 小檗科 Berberidaceae

大叶小檗 Berberis ferdinandi-coburgii

常绿灌木，高约 2 m。茎刺三分叉。叶革质，缘具刺齿。花 8 ～ 18，簇生，黄色，3 数。浆果，熟时变黑，顶端具宿存花柱。

生于海拔 1200 ～ 2700 m 的山坡及路边灌丛中。

安宁小檗 Berberis grodtmanniana

常绿灌木，高 0.3 ～ 1 m。幼枝明显具槽。茎刺三分叉。叶革质，叶缘微向背面反卷，每边具 7 ～ 15 刺齿。花 5 ～ 10，簇生，黄色。

生于海拔 2800 ～ 3200 m 的灌丛中、路边或常绿阔叶林下。

川滇小檗 Berberis jamesiana

落叶灌木。茎刺单生或三分叉，粗壮。叶近革质，叶缘平展。花序总状；花梗细弱，花黄色。浆果初时乳白色，后变为亮红色，顶端无宿存花柱。

生于海拔 2400 ～ 3600 m 的山谷疏林边或灌丛中。

A110 小檗科 Berberidaceae

淡色小檗 *Berberis pallens*

落叶灌木。茎刺细弱，茎刺单生或三分叉，腹面扁平或具浅槽。叶厚纸质，近无柄。总状花序伞形；花黄色。浆果红色，顶端具极短宿存花柱，被白粉。

生于海拔 3000 ～ 3500 m 的山坡灌丛中。

粉叶小檗 *Berberis pruinosa*

常绿灌木。茎刺三分叉。叶硬革质，椭圆形至倒卵形，边缘具 1 ～ 6 刺齿，叶背具白粉或无白粉。花簇生，花黄色，梗长而细。浆果，密被或微被白粉。种子 2。

生于海拔 1800 ～ 3000 m 的灌丛中、林下或林缘。

金花小檗 *Berberis wilsoniae*

半常绿灌木。枝常弓弯。茎刺三分叉。单叶互生，革质，倒卵形。花簇生，金黄色。浆果粉红色，顶端具宿存花柱。

生于海拔 1000 ～ 4000 m 的山坡、灌丛中、石山、河滩。

A110 小檗科 Berberidaceae

乌蒙小檗 *Berberis woomungensis*

落叶灌木。幼枝棕红色,具条棱。茎刺三分叉,腹面具浅槽。叶薄纸质。花单生,黄色,花瓣顶端微缺。浆果长圆形,熟时红色。

生于海拔 3700 ～ 4200 m 的山坡灌丛中。

长柱十大功劳 *Mahonia duclouxiana*

常绿灌木。奇数羽状复叶,互生,小叶无柄,边缘具刺锯齿。总状花序簇生;花黄色,外萼片红色,花瓣先端微缺裂。浆果,被白粉,花柱宿存。

生于海拔 1800 ～ 2700 m 的林中、灌丛、路边、河边或山坡。

A111 毛茛科 Ranunculaceae

短柄乌头 *Aconitum brachypodum*

草本。块根胡萝卜形。茎被短柔毛。叶三全裂,裂片二回近羽状细裂。总状花序;苞片叶状,萼片紫蓝色,喙短,花瓣无毛,距短。

生于海拔 2800 ～ 3700 m 的山地草坡或山坡灌丛中。

A111 毛茛科 Ranunculaceae

西南乌头 *Aconitum episcopale*

　　草本。茎缠绕，上部被柔毛。茎中部叶片圆五角形。总状花序，花序轴密被伸展的淡黄色微硬毛，萼片蓝紫色。蓇葖果。

　　生于海拔 2400 ～ 3200 m 的山地。

膝瓣乌头 *Aconitum geniculatum*

　　草本。单叶互生，3 深裂，表面被短毛，背面无毛，基部具鞘。总状花序；唇瓣末 2 浅裂，萼片蓝色，上萼片高盔形。种子有膜质横翅。

　　生于海拔 3000 ～ 3900 m 的冷杉林、杜鹃灌丛和亚高山草甸。

滇北乌头 *Aconitum iochanicum*

　　草本。单叶基生，圆五角形，3 深裂，裂片羽状裂，被黄色柔毛。萼片黄色，上萼片盔形，下苞片 3 裂；子房密被黄色长柔毛。种子沿棱生翅。

　　生于高山或亚高山草甸。

A111 毛茛科 Ranunculaceae

黄草乌 *Aconitum vilmorinianum*

草本。块根椭圆球形。茎缠绕。单叶互生,掌状深裂,两面被毛。总状花序,被柔毛;萼片紫蓝色,上萼片高盔形。蓇葖果。

生于海拔 2100 ～ 2500 m 的山地灌丛中。

展毛银莲花 *Anemone demissa*

草本。植株密被长柔毛。基生叶有长柄,叶较宽,3 全裂,裂片 3 深裂,深裂片羽状裂。花被片 5 ～ 6,蓝色或紫色,偶尔白色。蓇葖果。

生于海拔 3200 ～ 4000 m 的山地草坡或疏林中。

云南银莲花
Anemone demissu var. *yunnanensis*

草本。植株被白色柔毛。叶基生,3 全裂,裂片 3 深裂,深裂片羽状裂,叶的全裂片和末回裂片均互相分开。花被片 5 ～ 8,白色。蓇葖果。

生于海拔 3200 ～ 4000 m 的山地草坡或林下。

A111 毛茛科 Ranunculaceae

直距耧斗菜 *Aquilegia rockii*

草本。植株基部被稀疏的短柔毛，上部密被腺毛。基生叶少数，为二回三出复叶。花梗密被腺毛，萼片紫红色。蓇葖果，花柱宿存。

生于海拔 2500 ～ 3500 m 的山地杂木林下或路旁。

毛木通（粗毛铁线莲）
Clematis buchananiana

木质藤本。一回羽状复叶，小叶片纸质，表面微被柔毛。聚伞圆锥花序腋生；萼片长方椭圆形，反卷，无肋。瘦果卵圆形，扁平。

生于海拔 1200 ～ 2800 m 的山区林边、沟边开阔地带的灌丛中。

金毛铁线莲 *Clematis chrysocoma*

木质藤本，密生短柔毛。三出复叶，数叶与花簇生或对生。萼片 4，白色或粉红色；花梗密生黄色短柔毛。瘦果，宿存花柱被金色毛。

生于海拔 1000 ～ 3200 m 的山坡、灌丛、林下、林边或河谷。

A111 毛茛科 Ranunculaceae

合柄铁线莲 *Clematis connata*

木质藤本，枝及叶柄全部无毛。叶纸质；叶柄基部合生，抱茎。花钟状，萼片 4，淡黄绿色，微被紧贴短柔毛。瘦果，宿存花柱被长柔毛。

生于海拔 2000 ～ 3400 m 的灌木丛中。

滑叶藤 *Clematis fasciculiflora*

木质藤本。三出复叶，数叶簇生或对生，革质，全缘。花与叶簇生，花梗被黄褐色绒毛，萼片被白色短柔毛。瘦果褐色，卵状披针形至长卵形。

生于海拔 1000 ～ 2700 m 的山坡丛林、草丛中或林边。

绣球藤 *Clematis montana*

木质藤本。三出复叶；小叶具缺刻状锯齿，被短柔毛。花 1 ～ 6，与叶簇生，萼片 4，白色或带淡红色，疏生短柔毛。瘦果。

生于海拔 2800 ～ 4000 m 的山坡、山谷灌丛中、林边或沟旁。

A111 毛茛科 Ranunculaceae

钝萼铁线莲 *Clematis peterae*

藤本。一回羽状复叶，疏生锯齿或全缘，疏生短柔毛至近无毛。圆锥状聚伞花序，常有 1 对叶状苞片；萼片 4，白色。瘦果，花柱宿存。

生于海拔 1650 ~ 3400 m 的山坡、沟边木林中。

短毛铁线莲 *Clematis puberula*

木质藤本，被微柔毛。叶二回羽状，小叶卵形，纸质。聚伞花序；萼片 4，白色，狭长圆形，边缘膜质，子房密被长柔毛。瘦果极扁。

生于海拔 1000 ~ 3300 m 的疏林、灌木丛、草坡或溪流边。

毛茛铁线莲 *Clematis ranunculoides*

草质藤本。茎生叶常为三出复叶；叶有粗锯齿，被疏柔毛。聚伞花序；花钟状，萼片 4，紫红色至淡白色，外面脉纹具翅。瘦果。

生于海拔 850 ~ 3000 m 的山坡、沟边、林下及灌丛中。

A111 毛茛科 Ranunculaceae

须花翠雀花
Delphinium delavayi var. *pogonanthum*

　　草本。茎和叶柄密被硬毛。叶五角形，两面疏被糙伏毛。总状花序狭长，轴和花梗密被白色短糙毛；萼片蓝紫色，疏被硬毛。蓇葖果。

　　生于海拔 2600 ～ 3600 m 的山地灌丛、林中或林边草坡上。

大理翠雀花 *Delphinium taliense*

　　多年生草本。叶五角形，3 深裂，两面被毛。总状花序，基部苞片 3 裂；萼片外有柔毛，花瓣有少数长缘毛，腹面被黄色短髯毛，距镰刀状弯曲。蓇葖果。

　　生于海拔 2800 ～ 3500 m 的高山草地或林边。

康定翠雀花 *Delphinium tatsienense*

　　多年生草本。叶五角形，3 全裂，小裂片披针状三角形至线形。总状花序；苞片线形，萼片深紫蓝色，距钻形，花瓣蓝色。蓇葖果。

　　生于海拔 2300 ～ 3250 m 的山地草坡。

A111 毛茛科 Ranunculaceae

云南翠雀花 *Delphinium yunnanense*

多年生草本。基生叶五角形，3 深裂，二回裂片狭披针形。总状花序；萼片蓝紫色，距稍向下弯，退化雄蕊基部有 2 鸡冠状突起。蓇葖果。

生于海拔 1000 ～ 2400 m 的山地草坡或灌丛边。

打破碗花花 *Eriocapitella hupehensis*

多年生草本。基生叶常为三出复叶。聚伞花序二回至三回分枝；花被 5，紫红色或粉红色，心皮密集成球形，密被绵毛。瘦果有细柄。

生于海拔 800 ～ 1800 m 的山坡或沟边。

草玉梅 *Eriocapitella rivularis*

多年生草本。基生叶肾状五角形，3 全裂。聚伞花序；花白色，雄蕊多数，心皮多数。瘦果狭卵球形，宿存花柱钩状弯曲。

生于海拔 1600 ～ 4000 m 的山地草坡、小溪边或湖边。

A111 毛茛科 Ranunculaceae
野棉花 *Eriocapitella vitifolia*

多年生草本。基生叶有柄，叶心状卵形，有齿，被毛。花葶粗壮；萼片白色或粉红色，外有绒毛；子房密被绵毛。聚合果。

生于海拔 1200 ～ 2700 m 的山地草坡、沟边或疏林中。

鸦跖花 *Oxygraphis kamchatica*

多年生草本。植株矮小，簇生。叶基生，叶偏肉质，卵形，全缘。花单生，萼片 5，花瓣 10 ～ 15，橙黄色。聚合果近球形，瘦果有 4 纵肋。

生于海拔 3600 ～ 4200 m 的高山草甸或高山灌丛中。

拟耧斗菜 *Paraquilegia microphylla*

多年生草本。叶二回三出，3 深裂，每深裂片再 2 ～ 3 细裂。花葶直立；萼片淡紫色；花瓣倒卵形，顶端微凹。蓇葖果直立。种子狭卵球形。

生于海拔 2700 ～ 4000 m 的高山山地石壁或岩石上。

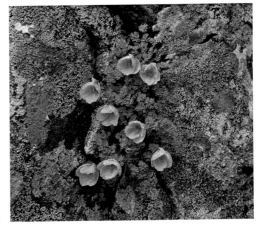

A111 毛茛科 Ranunculaceae
西南白头翁 *Pulsatilla millefolium*

多年生草本。基生叶为三回羽状复叶。花葶 1，有柔毛；总苞钟形，苞片细裂；萼片淡黄绿色，卵状椭圆形。聚合瘦果，宿存花柱具长柔毛。

生于海拔 2200 ～ 3000 m 的山坡路边、灌丛中或高山栎林中。

水毛茛 *Ranunculus bungei*

多年生沉水草本。叶片轮廓近扇状半圆形。花单生，萼片反折，花瓣白色，基部黄色，花托有毛。聚合果卵形。瘦果有横皱纹。

生于海拔 3000 ～ 4000 m 的山谷湖中或水塘中。

三裂毛茛
Ranunculus hirtellus var. *orientalis*

草本。基生叶具叶柄，叶微被毛，叶片 3 全裂或 3 深裂，3 裂近中间。萼片 5，淡绿色；花瓣 5，黄色；花托几无毛。瘦果无毛。

生于海拔 3000 ～ 4000 m 的草地、斜坡、溪流旁或岩石上。

A111 毛茛科 Ranunculaceae

云南毛茛 *Ranunculus yunnanensis*

多年生草本。须根基部较粗厚。基生叶倒卵状楔形至匙形，顶端有钝齿，厚纸质，无毛。花黄色，顶生。瘦果密生白色短毛。

生于海拔约 3200 m 的山坡林缘草地。

高山唐松草 *Thalictrum alpinum*

小草本，无毛。二回羽状三出复叶，均基生；小叶几无柄。总状花序；苞片小，狭卵形，花梗下弯，萼片 4，紫红色。瘦果柄不明显，宿存柱头。

生于海拔 3500～4100 m 的高山草地、山谷阴湿处或沼泽地。

星毛唐松草 *Thalictrum cirrhosum*

多年生草本。三回羽状复叶；小叶 3 浅裂，叶背密被灰白色分枝的毛。圆锥花序；萼片 4，淡黄色，花柱钻形。瘦果倒卵球形，有 8 粗纵肋。

生于海拔 2200～2400 m 的山坡灌丛或多石处。

A111 毛茛科 Ranunculaceae

偏翅唐松草 *Thalictrum delavayi*

多年生草本，全株无毛。三回羽状复叶；小叶纸质，3浅裂，近全缘。圆锥花序；萼片4，偶5，紫色。瘦果沿腹棱和背棱有狭翅。

生于海拔1900～3400 m的山地林边、沟边、灌丛或疏林中。

爪哇唐松草 *Thalictrum javanicum*

草本。茎中部以上分枝。叶纸质，具圆齿，3浅裂；托叶膜质，边缘流苏状分裂。花序圆锥状；萼片4，早落，雄蕊多数。瘦果，宿存花柱顶端拳卷。

生于海拔1500～3400 m的山地林中、沟边或陡崖边较阴湿处。

小果唐松草 *Thalictrum microgynum*

草本，全株无毛。茎上部分枝。基生叶1，为二回至三回三出复叶，薄草质。复伞形花序；花梗丝形，萼片白色，早落。瘦果下垂。

生于海拔1000～2800 m的山地林下、草坡和岩石边较阴湿处。

A112 清风藤科 Sabiaceae
光叶泡花树
Meliosma cuneifolia var. *glabriuscula*

落叶灌木或乔木。叶片倒卵形或狭倒卵状，叶背面无毛或有不明显的小粗毛。圆锥花序顶生，直立，被短柔毛。核果扁球形。

生于海拔 1800 ~ 3000 m 的山坡林中。

云南清风藤 *Sabia yunnanensis*

落叶攀援木质藤本。叶膜质或近纸质，两面均有短柔毛或叶背仅脉上有毛。聚伞花序有 2 ~ 4 花；花绿色或黄绿色，萼片 5，具紫红色斑点。

生于海拔 2000 ~ 3000 m 的山谷、溪旁或疏林中。

A117 黄杨科 Buxaceae
高山黄杨 *Buxus rugulosa*

常绿灌木或小乔木。小枝四棱形。单叶对生，先端钝、圆或具浅凹口，干后具皱纹。花序密集成头状；雌雄同株。蒴果，宿存花柱斜出。

生于海拔 1900 ~ 3500 m 的山坡灌丛中。

A117 黄杨科 Buxaceae

板凳果 *Pachysandra axillaris*

亚灌木。单叶互生,边缘中上部具粗齿。雌雄同株;花序穗状,腋生;花白色或蔷薇色。果核果状,花柱宿存。

生于海拔 1800 ～ 2800 m 的林下或灌丛中湿润土上。

野扇花
Sarcococca ruscifolia

常绿灌木。单叶互生,革质,全缘,无毛,叶面中脉凸出。雌雄同株;花序短总状,腋生;花白色。核果,熟时变红,宿存花柱 2 或 3。

生于海拔 1700 ～ 2800 m 的溪谷、林下、山坡。

A122 芍药科 Paeoniaceae

滇牡丹 *Paeonia delavayi*

亚灌木,全体无毛。二回三出复叶。花 2 ～ 5,生枝顶和叶腋;苞片披针形;萼片 3 ～ 4,大小不等;花黄色、紫色、红色,花盘肉质。蓇葖果。

生于海拔 2300 ～ 3700 m 的山地阳坡及草丛中。

A127 鼠刺科 Iteaceae

滇鼠刺 *Itea yunnanensis*

灌木或小乔木。单叶互生，边缘有刺状锯齿。总状花序，顶生；俯弯至下垂，苞片钻形；花淡绿色，多数，常 3 花簇生。蒴果锥状。

生于海拔 1100 ～ 2300 m 的针阔叶林下、河边或石山等处。

A128 茶藨子科 Grossulariaceae

冰川茶藨子 *Ribes glaciale*

落叶灌木。叶长卵圆形，掌状 3 ～ 5 裂。花单性，雌雄异株，组成直立总状花序；花萼近辐射状，褐红色；花瓣短于萼片。果实近球形，红色。

生于海拔 3000 ～ 3800 m 的林下、林缘或岩石上。

A129 虎耳草科 Saxifragaceae

溪畔落新妇 *Astilbe rivularis*

多年生草本。茎被长柔毛。羽状复叶，边缘有重锯齿。圆锥花序；苞片 3，边缘疏生柔毛；萼片 4 ～ 5，绿色；无花瓣；心皮 2，基部合生。

生于海拔 1300 ～ 3200 m 的林下、林缘、灌丛和草丛中。

A129 虎耳草科 Saxifragaceae

岩白菜 *Bergenia purpurascens*

多年生草本。根状茎粗壮，被鳞片。叶均基生，革质，两面具小腺窝，无毛。聚伞花序圆锥状；萼片革质；花瓣紫红色，先端钝或微凹。

生于海拔 3000 ～ 4200 m 的林下、灌丛、高山草甸和高山碎石隙。

锈毛金腰 *Chrysosplenium davidianum*

多年生草本，丛生。茎被毛。具基生叶；茎生叶互生，向下渐变小。聚伞花序具多花；苞叶圆状扇形，边缘具圆齿；花黄色。蒴果。

生于海拔 3000 ～ 4000 m 的林下阴湿草地或山谷石隙

肾叶金腰 *Chrysosplenium griffithii*

多年生草本，丛生。茎无毛。无基生叶；茎生叶互生，叶片肾形，两面无毛，7 ～ 19 浅裂。聚伞花序具多花，较疏离；花黄色。蒴果。

生于海拔 3500 ～ 4000 m 的林下、林缘、高山草甸和高山碎石隙。

A129 虎耳草科 Saxifragaceae
羽叶鬼灯檠 *Rodgersia pinnata*

多年生草本。羽状复叶；小叶边缘有齿，叶背沿脉具毛。多歧聚伞花序圆锥状；萼片于先端汇合，基部有毛，花瓣不存在。蒴果紫色。

生于海拔 2400 ~ 3800 m 的林下、林缘、灌丛、高山草甸或石隙。

长毛虎耳草
Saxifraga aristulata var. *longipila*

多年生草本，密丛。叶片长圆形至线形，先端具芒状长毛，边缘被锈色长柔毛。花单生，黄色；花梗被褐色卷曲长腺毛。

生于海拔 3000 ~ 4200 m 的高山草甸和石隙。

灯架虎耳草 *Saxifraga candelabrum*

草本，全株被褐色腺毛。单叶，先端具齿，密集呈莲座状。多歧聚伞花序圆锥状；花瓣黄色，中下部具紫色斑点；柱头二裂。蒴果。

生于海拔 2000 ~ 3200 m 的林下、林缘和石隙。

A129 虎耳草科 Saxifragaceae

十字虎耳草 *Saxifraga decussata*

多年生丛生草本。小主轴极多分枝，叠结呈垫状。单叶对生，密集，无毛，无柄。花单生于茎顶；萼片 4，在花期直立；花瓣 4，白色。

生于海拔 3850 ～ 4200 m 的石灰岩峭壁。

东川虎耳草 *Saxifraga dongchuanensis*

多年生草本。茎直立，紫红色，被毛。叶片菱形或卵状菱形，先端钝，基部楔状渐狭，两面疏被柔毛。花单生于茎顶，黄色；柱头大。

生于海拔 3500 ～ 4200 m 的潮湿草坡或石隙中。

线茎虎耳草 *Saxifraga filicaulis*

多年生草本，丛生。茎多分枝，纤弱，被腺毛。叶片长圆形至剑形。花单生或为聚伞花序；苞片披针形，萼片直立，花瓣黄色，花丝钻形。

生于海拔 3000 ～ 4200 m 的林下、林缘、灌丛、高山草甸和石隙。

A129 虎耳草科 Saxifragaceae

芽生虎耳草 *Saxifraga gemmipara*

　　多年生草本，丛生。茎生叶通常密集呈莲座状，被糙伏毛，边缘具睫毛。聚伞花序常伞房状；花梗密被腺毛；花白色，具斑纹。蒴果。

　　生于海拔 2100 ～ 3000 m 的林下、林缘、灌丛和山坡石隙。

灰叶虎耳草 *Saxifraga glaucophylla*

　　多年生草本。茎被腺毛。单叶互生，下部具柄，上部无柄，具毛。聚伞花序，花梗与萼片具黑褐色腺毛；花瓣黄色，下部具痂体；花柱 2。

　　生于海拔 2600 ～ 4200 m 的林下、林缘、高山草甸和岩坡石隙。

珠芽虎耳草 *Saxifraga granulifera*

　　多年生草本。茎具腺柔毛。叶肾形或近圆形，边缘 7 ～ 9 浅裂，叶缘被腺毛；叶腋具珠芽。伞房状聚伞花序，具腺柔毛；萼片直立；花瓣白色。

　　生于海拔 3500 ～ 3900 m 的林下、灌丛或草甸中。

A129 虎耳草科 Saxifragaceae

有戟虎耳草 *Saxifraga hastigera*

丛生草本。茎直立，带红色。叶基部近戟形，边缘生硬缘毛。花序伞房状，顶生；萼片披针形，先端钝；花瓣黄色，披针形，花柱直立。

生于海拔 3000 ～ 3500 m 的林下、灌丛或石隙中。

齿叶虎耳草 *Saxifraga hispidula*

多年生草本，丛生。茎分枝，被腺柔毛。叶先端具 3 齿牙，具糙伏毛。花单生或成聚伞花序；萼片直立，具腺毛；花瓣黄色，具痂体。

生于海拔 3000 ～ 4100 m 的林下、林缘、灌丛、高山草甸及石隙。

黑蕊虎耳草 *Saxifraga melanocentra*

多年生草本。叶均基生，叶缘具圆齿状锯齿和腺睫毛；具柄。花葶被腺柔毛；聚伞花序伞房状；花瓣白色，基部具 2 黄色斑点；雌蕊黑紫色。

生于海拔 3900 ～ 4200 m 的高山灌丛、高山草甸和高山碎山隙。

A129 虎耳草科 Saxifragaceae
多叶虎耳草 *Saxifraga pallida*

多年生草本。茎被柔毛。叶均基生，叶缘具齿，被毛；具柄。聚伞花序圆锥状，被柔毛；萼片直立至开展，常无毛；花瓣白色，花丝棒状。

生于海拔 3000 ～ 3800 m 的高山林下、灌丛、草甸和碎石隙。

洱源虎耳草 *Saxifraga peplidifolia*

多年生草本，密丛生。茎被长腺毛。叶下部具柄，上部无柄或近无柄，具腺毛。花单生或成聚伞花序；花梗密被直腺毛；花瓣黄色。

生于海拔 3000 ～ 4100 m 的高山草甸和高山石隙。

红毛虎耳草 *Saxifraga rufescens*

多年生草本。叶均基生，叶片肾形、圆肾形至心形，具齿牙，被毛。花葶密被红褐色长腺毛；多歧聚伞花序圆锥状；花瓣白色，1 枚较长。

生于海拔 1000 ～ 4000 m 的林下、林缘、灌丛、高山草甸。

A129 虎耳草科 Saxifragaceae

金星虎耳草 *Saxifraga stella-aurea*

多年生草本，丛生。具莲座叶丛，肉质，常无毛。花单生于茎顶；花梗被黑褐色腺毛，无苞片；萼片在花期反曲；花瓣黄色，具橙色斑点。

生于海拔 3800～4200 m 的高山草甸、灌丛和碎石隙中。

伏毛虎耳草 *Saxifraga strigosa*

多年生草本。茎被柔毛和腺毛。基部、叶腋和苞腋均具芽。茎生叶密集成莲座状，先端具齿牙，被糙伏毛。花单生或成聚伞花序，白色。

生于海拔 3800～4200 m 的林下、林缘、灌丛、草甸和石隙。

流苏虎耳草 *Saxifraga wallichiana*

多年生草本，丛生。茎不分枝，被腺毛，具芽。茎生叶较密，边缘具睫毛。花单生或成聚伞花序，被腺毛；萼片直立，被毛；花瓣黄色。

生于海拔 3500～4000 m 的林下、林缘、灌丛、高山草甸及石隙。

A129 虎耳草科 Saxifragaceae
黄水枝 *Tiarella polyphylla*

多年生草本，全株密被腺毛。根状茎横走。茎不分枝。单叶，心形，具浅齿。总状花序；萼片5，呈花瓣状，直立；花瓣退化。蒴果。

生于海拔 980 ~ 3800 m 的林下、灌丛和阴湿地。

A130 景天科 Crassulaceae
柴胡红景天 *Rhodiola bupleuroides*

多年生草本。根茎粗，先端具鳞片。叶互生，厚草质。伞房花序顶生，有苞片，苞片叶状；雌雄异株；花5基数，紫红色。蓇葖果。

生于海拔 3900 ~ 4200 m 的山坡石缝、灌丛或草地上。

菊叶红景天 *Rhodiola chrysanthemifolia*

多年生草本。花茎被乳突，仅先端着叶。叶边缘羽状浅裂。伞房状花序，紧密；萼片、花瓣均为5，雄蕊10；花柱直立。蓇葖5，披针形。

生于海拔 3200 ~ 4200 m 的山坡石缝中。

A130 景天科 Crassulaceae

长鞭红景天 *Rhodiola fastigiata*

多年生草本。根茎直立或上升，老花茎晚落。花茎多数，不分枝。叶密集互生；无叶柄。伞房状花序顶生，多花密集；雌雄异株。蓇葖果。

生于海拔 3900 ～ 4100 m 的山坡石上。

报春红景天 *Rhodiola primuloides*

多年生矮小草本。根茎粗，分枝。叶密生，卵形，中部稍紧缩，先端钝圆。花单生或 2 花着生；萼片 5，边缘有微缘毛；花瓣 5，白色。

生于海拔 2500 ～ 4200 m 的山谷石上

云南红景天 *Rhodiola yunnanensis*

多年生草本。花茎常单生。叶 3 轮生，稀对生；无柄。聚伞圆锥花序；雌雄异株，稀两性花；花瓣 4，黄绿色。蓇葖星芒状排列。

生于海拔 2000 ～ 4000 m 的山坡林下。

A130 景天科 Crassulaceae

短尖景天 *Sedum beauverdii*

多年生肉质草本，有多数不育茎。叶互生，密集，无柄，基部有距。花序伞房状；苞片叶状；花黄色，5 基数，心皮直立靠拢。

生于海拔 2550 ~ 4000 m 的干山坡岩石上、岩隙中或林下岩石上。

长丝景天 *Sedum bergeri*

多年生草本，无毛。叶下部轮生，上部互生或近轮生，线状匙形。花序密伞房状，有多数花；苞片叶状；花 5 基数，花瓣黄色，长圆形。

生于海拔 3000 ~ 3500 m 的山坡岩石上。

凹叶景天 *Sedum emarginatum*

多年生草本。茎细弱。叶对生，匙状倒卵形至宽卵形，先端圆，有微缺。花序聚伞状，顶生；花无梗；花 5 基数，花瓣黄色。蓇葖略叉开。

生于海拔 1000 ~ 1800 m 的山坡阴湿处。

A130 景天科 Crassulaceae
多茎景天 *Sedum multicaule*

多年生草本。茎下部分枝，无毛。叶互生，覆瓦状排列。聚伞花序有数个蝎尾状分枝，分枝中央有 1 花；花无梗；花 5 基数，花瓣黄色。

生于海拔 1600～2900 m 的山坡、林下或石上。

三芒景天 *Sedum triactina*

细弱草本。叶常 3 叶轮生或对生，中部叶常宿存，叶匙状长圆形，先端钝圆或有缺。聚伞花序，花疏生；5 基数，花瓣黄色。膏葖略叉开。

生于海拔 2250～3600 m 的山坡林下水边湿地

A136 葡萄科 Vitaceae
乌蔹莓 *Cayratia japonica*

草质藤本。叶为鸟足状 5 小叶，叶边缘有锯齿，无毛。复二歧聚伞花序腋生；花瓣 4，雄蕊 4，花盘发达，4 浅裂。浆果熟时变黑。

生于海拔 1000～2500 m 的山谷林中或山坡灌丛。

A136 葡萄科 Vitaceae

崖爬藤 *Tetrastigma obtectum*

　　草质藤本。小枝圆柱形，无毛或被疏柔毛。卷须分枝，隔 2 节与叶对生。叶为掌状 5 小叶，边缘齿状，无毛或被柔毛。单伞花序。果实球形。

　　生于海拔 1000 ～ 2400 m 的山坡岩石或林下石壁上。

蘡薁 *Vitis bryoniifolia*

　　木质藤本。叶深裂或浅裂，基部常缢缩凹成圆形，有缺刻粗齿。圆锥花序与叶对生；花 5 基数，花瓣呈帽状黏合脱落。果熟时紫红色。

　　生于海拔 1000 m ～ 2500 m 的山谷林中、灌丛、沟边或田埂。

毛葡萄 *Vitis heyneana*

　　木质藤本，小枝、叶、花序轴被蛛丝状绒毛。叶不裂，基部浅心形或微心形，边缘具锯齿。圆锥花序疏散，与叶对生。果熟时紫黑色。

　　生于海拔 1000 ～ 2800 m 的山坡、沟谷灌丛、林缘或林中。

A140 豆科 Fabaceae

光叶合欢 *Albizia lucidior*

　　乔木。小枝有棱，无毛。二回羽状复叶；叶无毛，叶面光亮。头状花序排成腋生的伞形圆锥花序；花白色；萼钟状。荚果带状，革质，黄色。

　　生于海拔 1000 ~ 1600 m 的次生林及灌丛中。

毛叶合欢 *Albizia mollis*

　　乔木。小枝被柔毛，有棱。二回羽状复叶，叶轴被长绒毛。头状花序排成腋生的伞形圆锥花序；花白色，花萼与花冠同被绒毛。荚果带状，棕色。

　　生于海拔 1800 ~ 2800 m 的山坡林中。

链荚豆 *Alysicarpus vaginalis*

　　多年生草本。单小叶，全缘。总状花序腋生或顶生；苞片膜质；花萼膜质，较第一荚节短；花冠粉红色至蓝紫色。荚果扁圆柱形，被短柔毛，具荚节。

　　生于海拔 1000 m 以下的空旷草坡、旱田边或路旁。

A140 豆科 Fabaceae

两型豆 *Amphicarpaea edgeworthii*

　　一年生缠绕草本。叶具羽状 3 小叶。花二型，茎上部为正常花，淡紫色或白色，下部为闭锁花，伸入地下结实；苞片宿存。荚果，二型。

　　生于海拔 1000 ～ 1800 m 的山坡路旁及旷野草地上。

锈毛两型豆 *Amphicarpaea ferruginea*

　　多年生草质藤本。茎具纵棱，密被黄褐色长柔毛。叶具羽状 3 小叶。总状花序；苞片早落。荚果先端具喙，基部渐狭成果颈。种子肾形。

　　生于海拔 2300 ～ 3000 m 的山坡林下。

肉色土圞儿 *Apios carnea*

　　缠绕藤本。奇数羽状复叶，小叶通常 5。总状花序腋生；苞片小，线形，脱落；花萼钟状，二唇形；花冠常淡红色。荚果线形。种子肾形。

　　生于海拔 1000 ～ 2600 m 的沟边杂木林中或溪边路旁。

A140 豆科 Fabaceae

毛莸子梢 *Campylotropis hirtella*

灌木，全株被硬毛。枝有细纵棱。羽状复叶具 3 小叶；叶脉网状，在叶背隆起。花序总状；苞片宿存，小苞片早落；花冠红紫色。荚果。

生于海拔 1000 ～ 3000 m 的灌丛、林缘、疏林内、林下或山坡。

小雀花 *Campylotropis polyantha*

落叶灌木。羽状复叶具 3 小叶，被柔毛；小叶先端微缺，具小凸尖。总状花序；花紫红色至白色。荚果，斜卵形或椭圆形，两端渐狭，被毛。

生于海拔 1000 ～ 3000 m 的山坡及向阳地的灌丛中。

三棱枝莸子梢
Campylotropis trigonoclada

半灌木或小灌木。枝与叶柄均具锐三棱。羽状复叶具 3 小叶；托叶宿存。总状花序；花萼生柔毛，花冠淡黄色，子房有毛。荚果椭圆形。

生于海拔 1000 ～ 2800 m 的山坡灌丛、林缘、林内、草地或路边。

A140 豆科 Fabaceae

大叶山扁豆
Chamaecrista leschenaultiana

一年或多年生亚灌木状草本。偶数羽状复叶丛生；叶柄上端有 1 圆盘状腺体；托叶宿存。花序腋生，有 1 至数花不等；花冠黄色。荚果。

生于海拔 1000～2000 m 的山地路旁的灌木丛或草丛中。

长萼猪屎豆 *Crotalaria calycina*

多年生直立草本，茎、叶、萼密被褐色长柔毛。单叶，近无柄；托叶丝状。总状花序顶生；花萼二唇形；花冠黄色，全包被萼内。荚果。

生于海拔 1000～2300 m 的山坡疏林及荒地路旁。

象鼻藤 *Dalbergia mimosoides*

灌木或为藤本，多分枝。羽状复叶；小叶 10～17 对，线状长圆形。圆锥花序腋生，比复叶短；小苞片脱落；花冠白色或淡黄色，具短柄。荚果。

生于海拔 1000～2000 m 的山沟疏林或山坡灌丛中。

A140 豆科 Fabaceae

柔毛山黑豆 *Dumasia villosa*

草质缠绕藤本。羽状 3 小叶，两面密被伏柔毛。被毛总状花序腋生；苞片和小苞片刚毛状；花冠黄色，各瓣近等长。荚果有 3 ~ 4 种子。

生于海拔 1000 ~ 2500 m 的山谷溪边或灌丛中。

云南山黑豆 *Dumasia yunnanensis*

多年生缠绕草本，枝、叶、花序被短柔毛。羽状三出复叶；叶椭圆形至椭圆状卵形。总状花序腋生；花萼无毛或微被柔毛；花冠黄色。荚果。

生于海拔 1300 ~ 2200 m 的山地山坡路旁、沟边灌丛中。

大苞长柄山蚂蝗
Hylodesmum williamsii

多年生草本。叶为羽状三出复叶；小叶 3，纸质，全缘。总状花序顶生；花冠玫瑰色或玫瑰紫色。荚果具 1 ~ 2 荚节，被钩状毛。

生于海拔 1400 ~ 2700 m 的水沟边草丛中、常绿杂木林下。

A140 豆科 Fabaceae

河北木蓝 *Indigofera bungeana*

　　直立灌木。枝银灰色，被白色丁字毛。小叶 2 ～ 4 对，椭圆形，稍倒阔卵形，疏被丁字毛。总状花序腋生；花冠紫色或紫红色。荚果线状圆柱形。

　　生于海拔 1000 ～ 1200 m 的山坡、草地或河滩地。

穗序木蓝 *Indigofera hendecaphylla*

　　多年生草本。羽状复叶；小叶 2 ～ 5 对，倒披针形至倒卵形。总状花序腋生，与复叶等长；花瓣青紫色或淡红色，较花萼 1 倍长。荚果 4 棱。

　　生于海拔 800 ～ 1100 m 的空旷地或向阳处。

垂序木蓝 *Indigofera pendula*

　　灌木。羽状复叶；小叶 6 ～ 10 对，椭圆形或长圆形。总状花序，下垂；花萼杯状，具丁字毛；花冠紫红色，旗瓣长圆形。荚果褐色，圆柱形。

　　生于海拔 1900 ～ 3300 m 山坡、山谷、沟边及路旁的灌丛中及林缘。

A140 豆科 Fabaceae

网叶木蓝 *Indigofera reticulata*

矮小灌木。枝具棱,被棕色毛。奇数羽状复叶;托叶线形;小叶 3 ～ 4 对,两面被毛,下面网脉明显。总状花序;苞片线形;花冠紫红色。荚果。

生于海拔 1200 ～ 3000 m 的山坡疏林下、灌丛中及林缘草坡。

腺毛木蓝 *Indigofera scabrida*

直立灌木,枝、叶轴、叶缘、花序、苞片及萼片均有红色具柄头状的腺毛。羽状复叶;小叶 3 ～ 5 对。总状花序,花疏生。荚果内果皮具斑点。

生于海拔 1400 ～ 2000 m 的山坡灌丛、林缘及松林下。

截叶铁扫帚 *Lespedeza cuneata*

小灌木。羽状三出复叶;小叶楔形,先端截形或近截形。总状花序腋生;花淡黄色或白色,旗瓣基部有紫斑,闭锁花簇生于叶腋。荚果宽卵形,被伏毛。

生于海拔 2500 m 以下的山坡路旁。

A140 豆科 Fabaceae

束花铁马鞭 Lespedeza fasciculiflora

多年生草本，全株密被白色长硬毛。羽状复叶具 3 小叶；小叶倒心形，先端微凹或近截形，具小刺尖。总状花序腋生，明显超出叶；花萼 5 深裂，裂片线状披针形，花冠粉红色或淡紫红色，稍超出花萼。荚果。

生于海拔 1600 ~ 3000 m 的沙质草地。

百脉根 Lotus corniculatus

多年生草本。茎近四棱形。羽状复叶，顶端 3 小叶，基部 2 小叶呈托叶状。伞形花序；叶状苞片 3，宿存；花冠黄色。荚果线状圆柱形。

轿子山广布。

圆锥饿蚂蝗 Ototropis elegans

多分枝灌木。三出复叶，小叶 3；托叶早落；侧生小叶略小。花序顶生或腋生，圆锥或总状花序；花冠紫色或紫红色。荚果疏被贴伏短柔毛。

生于海拔 1000 ~ 3000 m 的林缘、林下、山坡路旁或水沟边。

A140 豆科 Fabaceae

长波叶饿蚂蟥 *Ototropis sequax*

　　直立灌木，多分枝。羽状三出复叶；小叶 3，被毛，不等大，中部以上叶缘波状。总状花序；花冠紫色。荚果念珠状，被小钩状毛。

　　生于海拔 1000 ～ 2800 m 的山地草坡或林缘。

云南饿蚂蟥 *Ototropis yunnanensis*

　　灌木，幼枝密被绒毛。叶为 3 小叶，下面密被绒毛。圆锥花序较大，顶生；花梗、苞片、萼片被绒毛；花冠粉红色或紫色；龙骨瓣无毛。

　　生于海拔 1000 ～ 2200 m 的山坡石砾地、荒草坡、灌丛及林缘。

云南棘豆 *Oxytropis yunnanensis*

　　多年生草本。茎缩短，基部有分枝。羽状复叶，被柔毛。总状花序，长于或等于叶；苞片与萼被黑色毛；花冠蓝紫色或紫红色。荚果大。

　　生于海拔 3500 ～ 4200 m 的山坡灌丛草地、冲积地及岩缝中。

A140 豆科 Fabaceae

紫雀花 *Parochetus communis*

匍匐草本，被稀疏柔毛。节上生根，有根瘤。掌状三出复叶，小叶倒心形。伞状花序腋生；花冠呈蓝色。荚果线形，二瓣开裂。种子肾形。

生于海拔 2000～3600 m 的林缘草地、山坡及路旁荒地。

云南火索藤（云南羊蹄甲）*Phanera yunnanensis*

藤本，无毛。卷须成对；单叶互生，先端 2 深裂。总状花序顶生或与叶对生，延长；小苞片 2，早落；花瓣淡红色。荚果顶端具短喙。

生于海拔 1000～2000 m 的山地灌丛或悬崖石上。

尼泊尔黄花木 *Piptanthus nepalensis*

灌木。茎、花序被白色绵毛。掌状 3 小叶，叶下面白色，初被柔毛。总状花序，花较大；萼钟形；花冠黄色。荚果扁平，具尖喙，被毛。

生于海拔 2200～3000 m 的山坡针叶林林缘、草地灌丛或河流旁。

A140 豆科 Fabaceae

紫脉花鹿藿
Rhynchosia himalensis var. *craibiana*

攀缘状草本或近木质藤本。茎和花序轴密被褐色腺毛和薄被软伏毛。羽状复叶，3 小叶，被毛。总状花序腋生；花黄色，旗瓣具紫色脉纹。

生于海拔 800 ～ 3200 m 的河谷灌丛、山坡阳处灌丛及松林下。

黄花高山豆 *Tibetia tongolensis*

多年生草本，分茎纤细。羽状复叶，小叶 5 ～ 9，下面疏被柔毛。伞形花具 2 ～ 3 花，黄色；花梗被硬毛；花萼钟状或宽钟状，上 2 萼齿先端分离。

生于海拔 3000 m 以上的山坡草地。

广布野豌豆 *Vicia cracca*

多年生蔓性草本，有微毛。羽状复叶；有卷须；托叶有毛。总状花序 10 ～ 40 花，密集；萼斜钟形，萼齿 5；花冠紫色或蓝色。荚果矩圆形。

广布于海拔 3000 m 以下的草甸、林缘、山坡、河滩草地及灌丛。

A140 豆科 Fabaceae
救荒野豌豆 *Vicia sativa*

　　草本，被柔毛。茎斜升或攀援。羽状复叶；小叶先端圆或平截有凹，具短尖头。花 1 ～ 2 腋生，紫红色或红色。荚果熟时黄色。

　　生于海拔 3000 m 以下的荒山、田边草丛及林中。

歪头菜 *Vicia unijuga*

　　多年生草本。叶轴顶端无卷须，呈细刺状；小叶 1 对，卵状披针形或近菱形；托叶缘具尖齿。总状花序；花蓝紫色或紫红色。果长圆形。

　　生于海拔 1800 ～ 3000 m 的山地、林缘、草地、沟边及灌丛。

野豇豆 *Vigna vexillata*

　　多年生攀援草本。根纺锤形，木质。三出羽状复叶；小叶被柔毛。花序腋生；龙骨瓣淡紫色，镰状，具弯曲成 180° 的喙。荚果被刚毛。

　　生于海拔 1400 ～ 2800 m 的旷野、灌丛或疏林中。

A140 豆科 Fabaceae
丁癸草 *Zornia gibbosa*

多年生草本。具根状茎。托叶披针形，基部具长耳；小叶2，背面具腺点。总状花序腋生；苞片2，盾状着生；花冠黄色。荚果具针刺。

生于田边、村边稍干旱的旷野草地上。

A142 远志科 Polygalaceae
荷包山桂花 *Polygala arillata*

灌木。单叶互生，全缘，椭圆形至长圆状披针形。总状花序与叶对生；花瓣3，黄色，内萼片紫红色。蒴果阔肾形至心形。种子球形。

生于海拔1000～2800 m的山坡林下或林缘。

蓼叶远志 *Polygala persicariifolia*

一年生草本。单叶互生，具缘毛。总状花序；花瓣3，粉红色至紫色。蒴果长圆形，果爿具蜂窝状乳突。种子长圆形，黑色。

生于海拔1200～2800 m的山坡林下或草地。

A142 远志科 Polygalaceae
西伯利亚远志 *Polygala sibirica*

多年生草本。单叶互生，叶片纸质至亚革质，全缘。总状花序，被短柔毛；花瓣 3，蓝紫色。蒴果近倒心形。种子长圆形，黑色。

生于海拔 1100 ～ 2800 m 的山坡草地。

苦远志
Polygala sibirica var. *megalopha*

多年生草本，植株矮小，分枝铺散。叶片亚革质，边缘反卷，侧脉在叶面突起。花 3，蓝紫色，鸡冠附属物较大。蒴果倒心形。

生于海拔 1800 ～ 2600 m 的山坡草地及田边。

小扁豆 *Polygala tatarinowii*

一年生草本。单叶互生，卵形或椭圆形至阔椭圆形，全缘。总状花序顶生；花两性，左右对称；花瓣 3，红色至紫红色。蒴果扁圆形，具翅。

生于海拔 1300 ～ 3000 m 的山坡草地。

A143 蔷薇科 Rosaceae

羽叶花 *Acomastylis elata*

多年生草本。基生叶为间断羽状复叶，小叶片半圆形；茎生叶退化呈苞叶状。聚伞花序 2～6 花，顶生；花瓣黄色，宽倒卵形，顶端微凹。

生于海拔 3500～3900 m 的高山草地。

龙芽草 *Agrimonia pilosa*

草本。间断奇数羽状复叶；小叶倒卵形，两面被毛。穗状总状花序顶生；花黄色。瘦果包藏在萼筒内，被疏柔毛，顶端有数层钩刺。

生于海拔 1000～3500 m 的溪边、草地、灌丛、林缘。

滇中匍枝栒子

Cotoneaster dammerii subsp. *songmingensis*

常绿灌木。单叶互生，叶片厚革质，椭圆形至长圆形，叶面中脉下陷。花常单生，白色，花柱 5。叶柄及果柄短。梨果熟时鲜红色。

生于海拔 1800～2600 m 的山坡草地。

A143 蔷薇科 Rosaceae

西南栒子 Cotoneaster franchetii

常绿灌木。单叶互生，椭圆形，先端尖，全缘，叶背密被毛。聚伞花序顶生；花粉红色，先端圆钝。梨果卵球形，熟时橘红色。

生于海拔 1700 ～ 3050 m 的多石向阳山地中。

西南草莓 Fragaria moupinensis

多年生草本。茎被开展的白色绢状柔毛。小叶 3 ～ 5，小叶片椭圆形或倒卵圆形。花序呈聚伞状，有 1 ～ 4 花。宿存萼片紧贴于果实。

生于海拔 2300 ～ 4000 m 的草坡、疏林下。

黄毛草莓 Fragaria nilgerrensis

草本。叶三出，小叶质厚，顶端圆钝，两面被毛。聚伞花序，花两性，白色。聚合果白色，宿存萼片直立，紧贴于果实，半球形。

生于海拔 1500 ～ 4000 m 的山坡草地或沟边林下。

A143 蔷薇科 Rosaceae
路边青 *Geum aleppicum*

　　草本，全株被毛。羽状复叶，顶生小叶极大。花顶生，黄色，花瓣几圆形，花柱顶生。聚合果倒卵球形，瘦果被长硬毛。

　　生于海拔 1300 ～ 3600 m 的山坡、路旁或河边。

棣棠花 *Kerria japonica*

　　落叶灌木。叶互生，三角状卵形或卵圆形；托叶膜质，带状披针形。单花，着生在当年生侧枝顶端；萼片卵状椭圆形，宿存。花瓣黄色。

　　生于海拔 1800 ～ 3600 m 的杂木林中、路旁。

少花川康绣线梅
Neillia affinis var. *pauciflora*

　　灌木，幼枝紫红色，老枝紫褐色。叶片卵形、三角卵形，具浅 5 裂；托叶长卵形至线状披针形。顶生总状花序，具 5 ～ 10 花。

　　生于海拔 2000 ～ 2300 m 的杂木林中。

A143 蔷薇科 Rosaceae

矮生绣线梅 *Neillia gracilis*

矮生灌木。单叶互生，叶片卵形至三角卵形，边缘有锯齿。总状花序顶生，藏叶下，有 3 ～ 7 花；花白色，先端微缺。蓇葖果具宿萼。

生于海拔 2700 ～ 3500 m 的山坡灌丛或荒地。

带叶石楠 *Photinia loriformis*

小乔木。单叶互生，革质，带状长圆形或狭披针形，边有锯齿，叶背密生黄色绒毛。复伞房花序顶生；花白色。梨果卵形。

生于海拔 1500 ～ 2600 m 的干燥山坡林中。

丛生荽叶委陵菜
Potentilla coriandrifolia var. *dumosa*

多年生草本，矮小，丛生。花茎直立或上升。基生叶羽状复叶，小叶常 2 ～ 4 对。花常单生，稀 2 ～ 3 花，花瓣黄色，基部无紫斑。

生于海拔 3100 ～ 4200 m 的山坡草地或高山草甸。

A143 蔷薇科 Rosaceae

毛果委陵菜 *Potentilla eriocarpa*

亚灌木。花茎直立或上升，疏被白色长柔毛。基生叶 3 出掌状复叶；茎生叶无或仅有苞叶。花顶生，1 ～ 3 花，花瓣黄色，顶端下凹。

生于海拔 2700 ～ 4000 m 的高山草地及疏林中。

银露梅 *Potentilla glabra*

灌木，树皮纵向剥落。羽状复叶，小叶 2 对，全缘。顶生单花或数花；萼片卵形，副萼片披针形；花瓣白色，倒卵形，顶端圆钝。

生于海拔 3800 ～ 4200 m 的亚高山地带森林和灌丛。

轿子山委陵菜
Potentilla jiaozishanensis

草本。奇数羽状复叶，小叶先端二裂，背面密被白色绢毛。聚伞花序；花黄色，5 数，雄蕊 20。瘦果上半部有绒毛。

生于海拔 3900 ～ 4200 m 的高寒草甸。

A143 蔷薇科 Rosaceae

蛇含委陵菜 *Potentilla kleiniana*

　　多年生草本。基生叶为近鸟足状
5 小叶;下部茎生叶有 5 小叶,上部
茎生叶有 3 小叶。聚伞花序密集枝顶
如假伞形;花瓣黄色。

　　生于海拔 800 ～ 3000 m 的田边、
水旁、草甸及山坡草地。

银叶委陵菜 *Potentilla leuconota*

　　多年生草本。基生叶间断羽状
复叶,下面密被银白色绢毛。茎生叶
1 ～ 2。花序集生在花茎顶端,呈假
伞形花序;花黄色。

　　生于海拔 3000 ～ 4100 m 的山坡
草地及林下。

西南委陵菜 *Potentilla lineata*

　　草本。花茎直立或上升。间断羽
状复叶。小叶、托叶、苞片及副萼片
下面密被白色绢毛及绒毛。复聚伞花序
顶生;花黄色。

　　生于海拔 1100 ～ 3600 m 的山坡
草地、灌丛、林缘及林中。

A143 蔷薇科 Rosaceae

总梗委陵菜 *Potentilla peduncularis*

多年生草本。花茎被伏生长柔毛或绢毛。基生叶为间断羽状复叶，下面密被绢毛；茎生叶小，有小叶 1～2 对。伞房状聚伞花序；花黄色。

生于海拔 3000～4000 m 的高山草地、砾石坡及林下。

扁核木 *Prinsepia utilis*

灌木，有刺。单叶互生，卵状披针形，叶背中脉和侧脉突起。总状花序；花白色，先端啮蚀状。核果熟时紫褐色，被白粉。

生于海拔 1000～2800 m 的山坡、山谷或路旁。

麦李 *Prunus glandulosa*

灌木。叶长圆状倒卵形或椭圆状披针形；托叶线形。花单生或 2 花簇生，花叶同期；萼筒钟状，无毛。核果熟时红或紫红色。

生于海拔 1000～2300 m 的山坡、沟边或灌丛中。

A143 蔷薇科 Rosaceae

细齿稠李 *Prunus vaniotii*

落叶乔木。叶片窄长圆形、椭圆形或倒卵形；叶柄顶端两侧各具 1 腺体；托叶膜质，线形，边有带腺锯齿。总状花序具多花。核果卵球形，顶端有短尖头。

生于海拔 1400 ～ 3600 m 的山坡林中、沟底和溪边。

云南樱桃 *Prunus yunnanensis*

乔木。单叶，边缘有齿，顶端有腺体；托叶边缘有腺齿，不久脱落。伞房总状花序；花叶同期或近先叶开花，花白色。核果熟时紫红色。

生于海拔 2300 ～ 2600 m 的山谷林中。

长尖叶蔷薇 *Rosa longicuspis*

灌木。羽状复叶，小叶 5 ～ 9。花多数，排成伞房状；萼片披针形，先端长渐尖；花瓣白色。果实暗红色，成熟时萼片脱落，花柱宿存。

生于海拔 400 ～ 2900 m 的山地林中或林缘灌丛。

A143 蔷薇科 Rosaceae

毛叶蔷薇 *Rosa mairei*

矮小灌木。小叶 5 ～ 11，两面有丝状柔毛。花单生于叶腋，无苞片；萼片卵形或披针形，内面密被柔毛；花瓣白色。果红色，萼片宿存。

生于海拔 1700 ～ 3200 m 的山坡阳处或沟边杂木林中。

峨眉蔷薇 *Rosa omeiensis*

灌木。小叶 9 ～ 17；托叶三角状卵形。花单生于叶腋；萼片 4，披针形，萼片直立宿存；花瓣 4，白色。果成熟时果梗肥大，亮红色。

生于海拔 2400 ～ 4000 m 的山坡、山脚或灌丛中。

刺萼悬钩子 *Rubus alexeterius*

灌木。枝常被白色粉霜。小叶 3 ～ 5，下面密被灰白色绒毛。花 1 ～ 4，生于侧生小枝顶端；花萼外面密被针刺和长柔毛；花瓣白色。

生于海拔 2000 ～ 3700 m 的山谷溪旁、荒山坡或松林下。

A143 蔷薇科 Rosaceae
粉枝莓 *Rubus biflorus*

攀援灌木。枝被白粉霜。复叶；小叶常3，两面被毛。叶柄、花梗及花萼无毛。伞房状花序；花白色。聚合果熟时黄色。

生于海拔 2000 ～ 3500 m 的山谷河边或山地杂木林内。

滇北悬钩子 *Rubus bonatianus*

灌木。小叶 5 ～ 9。花常单生；花萼外面密被细柔毛，萼片顶端长尾尖；花瓣白色，凋谢时连萼均变红色。聚合果密被白色长绒毛。

生于海拔 3200 ～ 3500 m 的山谷、溪旁或斜坡阴湿处。

三叶悬钩子 *Rubus delavayi*

直立灌木。奇数羽状复叶；小叶3，披针形，两面无毛。花单生或簇生，白色。枝、花梗及花萼具刺。聚合果熟时橙红色。

生于海拔 2000 ～ 3400 m 的山坡林下或灌木丛中。

A143 蔷薇科 Rosaceae

栽秧泡
Rubus ellipticus var. *obcordatus*

灌木。奇数羽状复叶；小叶 3，椭圆形。总状花序顶生；花白色或浅红色，花梗、苞片、花萼及萼片被毛。聚合果金黄色。

生于海拔 1000 ～ 2600 m 的干旱山坡、山谷或疏林内。

凉山悬钩子 *Rubus fockeanus*

匍匐草本，无刺。复叶；小叶 3，近圆形，顶端圆钝。叶柄、花梗、花萼被柔毛。花 1 ～ 2，顶生，白色；萼片卵状披针形。聚合果红色。

生于海拔 2000 ～ 4000 m 的山坡草地或林下。

黑锁莓 *Rubus foliolosus*

匍匐灌木。复叶 3 ～ 5，菱状圆形或倒卵形，两面被毛。伞房花序；花瓣直立，粉红色至紫红色。聚合果卵球形，熟时黑色。

生于海拔 800 ～ 2600 m 的向阳山谷、路旁或荒坡。

A143 蔷薇科 Rosaceae

滇藏悬钩子 *Rubus hypopitys*

灌木，植株无腺毛。单叶互生，近圆形，两面具柔毛；托叶掌状深裂。花簇生，较大，白色或浅粉色。聚合果熟时橙红色。

生于海拔 2000 ～ 3000 m 的山麓地段、松林及灌丛下。

拟覆盆子 *Rubus idaeopsis*

灌木。小枝密被柔毛和腺毛。小叶 5 ～ 7，稀在花序基部具 3 小叶，上面疏生柔毛，下面密被灰白色绒毛。短总状花序或近圆锥状花序；花瓣紫红色。果实紫红色。

生于海拔 2300 ～ 2600 m 的山谷溪边或山坡灌丛中。

高粱泡 *Rubus lambertianus*

灌木。单叶宽卵形，边缘明显 3 ～ 5 裂；托叶离生，线状深裂。圆锥花序顶生，生于枝上部叶腋内的花序常近总状；花瓣白色。果实熟时红色。

生于海拔 1000 ～ 2000 m 的山坡、山谷、林缘或灌丛中。

A143 蔷薇科 Rosaceae
细瘦悬钩子 *Rubus macilentus*

灌木。小叶 3，叶卵状披针形，顶生小叶较侧生长，两面无毛。花常簇生于枝顶，花瓣白色，两面具毛，基部具爪。聚合果黄色。

生于海拔 1000～3300 m 的山坡、路旁或林缘。

梅氏悬钩子 *Rubus mairei*

灌木。枝幼时被绒毛，老时渐脱落。单叶，厚纸质，狭披针形，具较稀疏锯齿；叶柄稍短。总状花序顶生；花白色，两面被微柔毛。

生于海拔约 3100 m 的山坡石砾地或乔灌木林中。

红泡刺藤 *Rubus niveus*

灌木。枝常紫红色，被白粉。奇数羽状复叶；小叶 7～9，叶背被绒毛。短圆锥状花序；花红色。聚合果球形，被毛，熟时黑色。

生于海拔 1000～2000 m 的山坡灌丛、疏林，或山谷河滩、溪流旁。

A143 蔷薇科 Rosaceae

掌叶悬钩子 *Rubus pentagonus*

灌木。叶为掌状 3 小叶，菱状披
针形；托叶全缘或 2 条裂。花单生或
2 ～ 3 花成伞房状花序；花瓣黄绿色。
果实包藏于花萼内，红色。

生于海拔 1300 ～ 3600 m 的林下
或灌丛中。

早花悬钩子 *Rubus preptanthus*

攀援灌木。单叶互生，宽卵状披
针形，叶背被毛。总状花序顶生；花
白色，花梗和花萼被毛，雄蕊无毛。
聚合果熟时紫黑色。

生于海拔 1000 ～ 2800 m 的林下
或灌丛中。

拟木莓 *Rubus pseudoswinhoei*

灌木。小枝被柔毛及灰白色绒
毛。叶片椭圆形至披针形，背面被灰
白色绒毛；托叶披针形。花序短总状；
花瓣白色，花枝上的绒毛常脱落。

生于海拔 2000 ～ 2600 m 的沟谷、
灌丛中。

A143 蔷薇科 Rosaceae
针刺悬钩子 *Rubus pungens*

匍匐灌木。复叶常 5 ～ 7 小叶，两面被毛，顶生小叶常羽状分裂。伞房状花序；花白色，具爪，花萼外被刺。聚合果熟时红色。

生于海拔 2800 ～ 3000 m 的山坡林下。

川莓 *Rubus setchuenensis*

落叶灌木。单叶互生，顶端圆钝或近截形，基部心形，叶背被灰白色绒毛。狭圆锥花序；花粉红色。叶柄、花梗及花萼密被毛。聚合果熟时黑色。

生于海拔 800 ～ 3000 m 的山坡、路旁、林缘或灌丛中。

直立悬钩子 *Rubus stans*

直立灌木。花枝侧生。小叶 3。单花腋生或 3 ～ 4 花着生于侧生小枝顶端；花萼紫红色，外面密被柔毛和腺毛；花瓣白色或带紫色。果实橘红色。

生于海拔 2000 ～ 3400 m 的林下或林缘。

A143 蔷薇科 Rosaceae

美饰悬钩子 *Rubus subornatus*

灌木。小叶常 3，宽卵形至长卵形，顶端短渐尖或急尖，边缘有粗锯齿。花 6 ～ 10 成伞房状花序；花梗具皮刺，花萼被绒毛，花瓣紫红色。

生于海拔 2700 ～ 4000 m 的岩石坡地灌丛中及沟谷杂木林内。

大瓣紫花山莓草
Sibbaldia purpurea var. *macropetala*

多年生草本。基生叶掌状五出复叶，上下两面伏生柔毛。伞房状花序或单花，高出于基生叶；花瓣紫色，花盘紫色。

生于海拔 3600 ～ 4200 m 的高山草地

石灰花楸 *Sorbus folgneri*

乔木。叶片卵形至椭圆卵形，下面密被白色绒毛。复伞房花序具多花；花梗被白色绒毛；萼筒钟状，外被白色绒毛；花瓣白色。成熟果实红色。

生于海拔 800 ～ 2000 m 的山坡、山谷或溪旁林中。

A143 蔷薇科 Rosaceae
西南花楸 *Sorbus rehderiana*

灌木或小乔木。奇数羽状复叶。复伞房花序密集；萼筒钟状，内外两面均无毛；花瓣白色。果实粉红色至深红色，先端有宿存闭合萼片。

生于海拔 3000 ～ 4000 m 的山地杂木林、针叶林或灌丛中。

红毛花楸 *Sorbus rufopilosa*

灌木或小乔木。奇数羽状复叶，小叶椭圆形或长椭圆形。花序伞房状或复伞房状，具 3 ～ 8 花，被锈红色柔毛。果成熟时红色，具直立宿存萼片。

生于海拔 2700 ～ 3200 m 的山坡林内或沟谷灌丛中。

渐尖叶粉花绣线菊
Spiraea japonica var. *acuminata*

灌木。单叶互生，长卵形至披针形，先端渐尖，边缘有齿，叶背沿叶脉有毛。复伞房花序；花粉红色。蓇葖果半开张。

生于海拔 1300 ～ 2700 m 的山坡、杂木林中、山谷河旁。

A143 蔷薇科 Rosaceae

毛叶绣线菊 *Spiraea mollifolia*

灌木。叶长圆形、椭圆形，两面被丝状长柔毛。伞形总状花序具总梗；萼筒钟状，花瓣白色，花盘具 10 肥厚圆形裂片，排成环形。

生于海拔 2600～3400 m 的沟边、林缘。

川滇绣线菊 *Spiraea schneideriana*

灌木。叶片卵形至卵状长圆形。复伞房花序着生在侧生小枝顶端；萼筒钟状，花瓣先端圆钝或微凹，白色，花盘具 10 裂片。

生于海拔 2800～4060 m 的裸地、岩石山。

滇中绣线菊 *Spiraea schochiana*

直立灌木。叶片椭圆形或倒卵状椭圆形，下面密被绵毛状绒毛。复伞房花序生于侧生小枝顶端；花瓣白色，花盘显著，有 10 裂片。

生于海拔 2200～2500 m 的山谷、路边或林缘。

A143 蔷薇科 Rosaceae
鄂西绣线菊 *Spiraea veitchii*

灌木。叶片长圆形、椭圆形或倒卵形，下面具白霜。复伞房花序着生在侧生小枝顶端；花小而密集，白色，萼筒钟状。蓇葖果开张。

生于海拔 2200～3700 m 的路边、灌丛中。

A146 胡颓子科 Elaeagnaceae
牛奶子 *Elaeagnus umbellata*

灌木。叶纸质或膜质，椭圆形至倒卵状披针形，下面被银白色和褐色鳞片。花较叶先开放，黄白色。果实卵圆形。

生于海拔 1000～3000 m 的林缘或灌丛中。

A147 鼠李科 Rhamnaceae
多花勾儿茶 *Berchemia floribunda*

藤状或直立灌木。单叶互生，椭圆形，叶脉显著。聚伞状圆锥花序顶生；花两性，5 数，花盘增大。核果椭圆形。

生于海拔 1000～2700 m 的山坡、沟谷、林缘或灌丛中。

A147 鼠李科 Rhamnaceae

短柄铜钱树 *Paliurus orientalis*

落叶乔木。小枝具皮刺。单叶互生，纸质，具细齿，基生 3 脉。聚伞花序；花两性，5 数。核果草帽状，具革质宽翅。

生于海拔约 1000 m 的干热河谷山坡。

多脉猫乳 *Rhamnella martinii*

小乔木。老枝具黄色皮孔。单叶互生，基部稍偏斜，两面无毛，侧脉每边 6 ~ 8。聚伞花序腋生；花黄绿色。核果近圆柱形。

生于海拔 800 ~ 2900 m 的山地灌丛或杂木林中。

A150 桑科 Moraceae

珍珠榕 *Ficus sarmentosa* var. *henryi*

攀援灌木。叶革质，单叶互生，卵状椭圆形，叶背网脉突出。隐头花序。榕果成对腋生，圆球形，无柄或具短柄，顶生苞片直立。

生于海拔 700 ~ 1700 m 的山谷密林或灌丛中。

A151 荨麻科 Urticaceae

骤尖楼梯草 *Elatostema cuspidatum*

多年生草本。单叶互生，两侧不对称，半离基三出脉；叶无柄或近无柄。聚伞状花序，单生叶腋。瘦果狭椭圆球形，有 8 细纵肋。

生于海拔 1600 ～ 3200 m 的山地、沟边或林中。

异叶楼梯草 *Elatostema monandrum*

小草本。单叶互生，茎上部叶较大，茎下部叶小，两侧不对称；具短柄。雌雄异株；花被片 4，淡紫色。瘦果狭长椭圆球形，约有 6 纵肋。

生于海拔 1900 ～ 2800 m 的林下阴湿岩石上。

大蝎子草 *Girardinia diversifolia*

草本，全株被螯刺。茎下部木质化。单叶互生，基出 3 脉。雌花序生上部叶腋，雄花序生下部，花被片 4。瘦果近心形。

生于海拔 1300 ～ 3400 m 的山谷、溪旁、山地林边或疏林下。

A151 荨麻科 Urticaceae

艾麻 *Laportea cuspidata*

多年生草本。叶近膜质至纸质，卵形、椭圆形，基出 3 脉。花序雌雄同株；雄花序圆锥状，生雌花序之下部叶腋；雌花序长穗状，生于茎梢叶腋。

生于海拔 1500 ～ 3200 m 的山坡林下或林缘湿润处。

山冷水花 *Pilea japonica*

草本。单叶对生，顶部近轮生，基出 3 脉。花单性，雌雄同株；花被片 5，雄蕊 5。瘦果外具疣状突起，被宿存花被包裹。

生于海拔 1000 ～ 1600 m 的山坡林下、草丛或石上。

大叶冷水花 *Pilea martinii*

草本。单叶对生，基部不对称；托叶披针形，褐色。雌雄异株，聚伞圆锥状花序；雄花花被片 4，淡红色；雌花花被片 3。瘦果狭卵形。

生于海拔 1300 ～ 3400 m 的林下或灌丛阴湿处。

A151 荨麻科 Urticaceae

石筋草 *Pilea plataniflora*

草本。单叶对生，全缘，叶背呈细蜂窠状，疏生腺点，钟乳体梭形，基出脉 3（～5）。聚伞圆锥状花序。瘦果，有细疣点。

生于海拔 1000～2400 m 的石灰岩山地林下或灌丛中

粗齿冷水花 *Pilea sinofasciata*

草本。单叶对生，先端长尾状渐尖，基出 3 脉；托叶三角形。聚伞圆锥状花序；雄花花被片 4，雌花花被片 3。瘦果具疣点。

生于海拔 1500～2600 m 的山坡林下阴湿处。

红雾水葛 *Pouzolzia sanguinea*

落叶灌木，被毛。单叶互生，狭卵形，边缘有齿。团伞花序生叶腋；雄花花被片 4，雌花花被片顶端约 3 小齿。瘦果卵球形。

生于海拔 1500～2400 m 山谷、山坡、灌丛或沟边。

A151 荨麻科 Urticaceae

滇藏荨麻 *Urtica mairei*

多年生草本。叶草质，宽卵形，稀近心形，对生，裂片近三角形，基出 5 脉。雌雄同株；圆锥状花序；花被片 4。瘦果矩圆状圆形。

生于海拔 1500 ～ 2900 m 的林下潮湿处。

三角叶荨麻 *Urtica triangularis*

多年生草本。茎四棱形，疏生刺毛与细糙毛，中下部分枝，上部几乎不分枝。叶狭三角形，边缘具齿。花雌雄同株，雄花序圆锥状，雌花序近穗状。

生于海拔 2500 ～ 3700 m 的山谷湿润处或半阴山坡灌丛路旁。

A153 壳斗科 Fagaceae

高山栲 *Castanopsis delavayi*

乔木。叶近革质，干后硬而脆，倒卵形，顶部甚短尖或圆，叶缘常具齿。雄花序常多穗腋生；雌花序无毛，花柱 3。壳斗阔卵形或近球形。

生于海拔 1600 ～ 2200 m 的山地杂木林中。

A153 壳斗科 Fagaceae

滇青冈 *Cyclobalanopsis glaucoides*

常绿乔木。单叶螺旋互生，革质。葇荑花序，雄花序下垂。壳斗碗形，外被绒毛，小苞片合生成同心环带；坚果椭圆形至卵形。

生于海拔 1500～2500 m 的陡坡、石灰岩山区。

白穗柯（白穗石栎）
Lithocarpus craibianus

乔木，全株无毛。叶厚纸质，狭披针形，全缘。雄穗腋生或排成圆锥花序；小苞片三角形。坚果扁圆形，1/3 被壳斗包围。

生于海拔 1500～2700 m 的干燥坡地、灌丛。

白柯（滇石栎）
Lithocarpus dealbatus

乔木。叶革质，全缘。雄穗状花序多个聚生于枝顶部。壳斗碗状，小苞片三角形，覆瓦状排列；坚果扁圆形或近圆球形，果脐凸起。

生于海拔 1300～2700 m 的山地林中。

A153 壳斗科 Fagaceae

麻子壳柯（多变石栎）
Lithocarpus variolosus

乔木。叶革质或厚纸质，宽卵形，顶部常长渐尖，基部宽楔形，全缘。雄穗状花序单生叶腋或多穗排成圆锥花序；雌花序常多穗聚生枝顶。

生于海拔 2300 ~ 2900 m 的山地杂木林中。

铁橡栎 *Quercus cocciferoides*

常绿或半常绿乔木。单叶螺旋状互生，纸质，叶缘有齿。花散生或簇生。壳斗杯形或壶形，小苞片被星状毛；坚果近球形。

生于海拔 1500 m 以下的山地阳坡、干旱河谷。

锥连栎 *Quercus franchetii*

常绿乔木。叶螺旋状互生，叶背被毛。雄花成柔荑花序，下垂，被黄绒毛。壳斗杯形，1/3 ~ 1/2 包着坚果；坚果矩圆形。

生于海拔 800 ~ 1500 m 的山地、干热河谷。

A153 壳斗科 Fagaceae

帽斗栎 *Quercus guyavifolia*

　　常绿灌木。单叶互生，长圆形至倒卵形，叶背被毛。花散生或簇生。壳斗帽斗状，小苞片鳞片状；坚果卵形或近球形。

　　生于海拔 2500 ～ 3900 m 的山地。

长穗高山栎 *Quercus longispica*

　　常绿乔木。单叶互生，椭圆形，中脉"之"字形曲折。雄花序长 8 ～ 11 cm，被星状绒毛。壳斗杯形，小苞片线状披针形；坚果卵形。

　　生于海拔 2300 ～ 2900 m 的山地、沟谷。

毛脉高山栎 *Quercus rehderiana*

　　常绿乔木。单叶互生，叶背中脉密生灰黄色短星状毛；叶柄被小团毛。花散生或簇生。壳斗浅杯形，小苞片三角状卵形；坚果卵形。

　　生于海拔 1500 ～ 4000 m 的山地。

A155 胡桃科 Juglandaceae
野核桃 *Juglans cathayensis*

乔木，幼枝灰绿色，被腺毛。奇数羽状复叶；叶柄及叶轴被毛；小叶9～17，无小叶柄。雄性葇荑花序生叶腋；雌花序直立生枝顶。

生于海拔 1800～2000 m 的杂木林中。

化香树 *Platycarya strobilacea*

落叶小乔木。枝具皮孔。奇数羽状复叶；小叶 3～5（～7），边缘有锯齿。花序束生于枝条顶端，两性花序。果序球状。

生于海拔 1300～1800 m 的向阳山坡林地。

A158 桦木科 Betulaceae
尼泊尔桤木（旱冬瓜）
Alnus nepalensis

乔木，芽有柄。叶厚纸质，全缘或具疏细齿。雄性葇荑花序圆锥状；雌花序矩圆形。果苞木质，宿存；小坚果矩圆形，具翅。

生于海拔 700～3600 m 的山坡林地、河岸阶地、村落。

A158 桦木科 Betulaceae

滇榛 *Corylus yunnanensis*

灌木或小乔木。叶厚纸质，近圆形。雄性柔荑花序，下垂。果苞钟状，密被黄色绒毛和刺状腺体，常与果等长；坚果球形，密被绒毛。

生于海拔 2000 ～ 3700 m 的山坡灌丛。

A162 马桑科 Coriariaceae

马桑 *Coriaria nepalensis*

落叶灌木，枝具圆形皮孔。单叶对生，纸质至薄革质。花单性，花序总状或柔荑状，下垂。果球形，成熟后红色至紫黑色。

生于海拔 800 ～ 3200 m 的灌丛。

A163 葫芦科 Cucurbitaceae

罗锅底 *Hemsleya macrosperma*

多年生攀援草本。块根扁球状。叶鸟足状。雌雄异株；花冠盘状，肉红色或橙黄色，疏被白色长柔毛。果实宽卵状，3 裂缝开裂。

生于海拔 1800 ～ 2900 m 的疏林、灌丛。

A163 葫芦科 Cucurbitaceae
云南赤瓟 *Thladiantha pustulata*

攀援草本。茎具棱沟。叶卵状心形，先端短渐尖，基部心形。雌雄异株；雄花总状花序；雌花单生。果实卵球形。种子宽卵形。

生于海拔 1500 ～ 2600 m 的山谷、溪旁或灌丛。

糙点栝楼 *Trichosanthes dunniana*

藤状攀援草本。单叶互生，近圆形，掌状 5 ～ 7 深裂，边缘具疏细齿。花雌雄异株；雄花总状花序腋生；花冠淡红色，裂片 5。果实长圆形。

生于海拔 920 ～ 1900 m 的山谷密林、山坡疏林或灌丛中。

A166 秋海棠科 Begoniaceae
全柱秋海棠
Begonia grandis subsp. *holostyla*

多年生肉质草本。叶片三角状卵形，具齿，基部偏斜。短伞房状或圆锥状聚伞花序，基部有明显膜质大苞片；花粉红色。蒴果。

生于海拔 2200 ～ 2800 m 的灌丛、岩缝。

A166 秋海棠科 Begoniaceae

独牛 *Begonia henryi*

多年生无茎草本。根状茎球形。叶基生，叶散生褐色柔毛。花粉红色，雄花花被扁圆形或宽卵形。蒴果下垂，无毛。

生于海拔 850 ～ 2600 m 的山坡、岩缝。

小叶秋海棠 *Begonia parvula*

多年生矮小无茎草本。根状茎球形或块状。叶基生，边缘具圆齿；托叶膜质。花粉红色，雄花花被片 4，雌花花被片 5。

生于海拔约 980 m 的岩石。

A168 卫矛科 Celastraceae

刺果卫矛 *Euonymus acanthocarpus*

灌木。叶革质，边缘疏浅齿。聚伞花序；花黄绿色，花瓣近倒卵形。蒴果成熟时棕褐带红，近球状，刺密集，针刺状。

生于海拔 2000 ～ 3000 m 的山坡林地。

A168 卫矛科 Celastraceae

大花卫矛 *Euonymus grandiflorus*

灌木或乔木。叶近革质。疏松聚伞花序；花黄白色，花瓣近圆形，子房四棱锥状。蒴果近球状，常具窄翅棱。种子长圆形。

生于海拔 2000 ～ 3000 m 的山地丛林、溪边、河谷。

突隔梅花草 *Parnassia delavayi*

多年生草本。基生叶肾形或近圆形，先端圆，基部深心形，全缘。花单生于茎顶，萼筒倒圆锥形，花瓣白色。蒴果 3 裂。

生于海拔 1800 ～ 3000 m 的疏林、冷杉林、杂木林。

无斑梅花草 *Parnassia epunctulata*

多年生草本。基生叶心形，先端稍钝或圆，基部心形，全缘；托叶膜质，早落。花单生于茎顶，萼筒浅，花瓣白色，匙状卵形。

生于海拔 3360 ～ 3800 m 的亚高山草甸。

A168 卫矛科 Celastraceae
凹瓣梅花草 *Parnassia mysorensis*

　　多年生草本。基生叶卵状心形或宽卵形，具柄；茎生叶无柄，半抱茎。花单生于茎顶，萼筒管陀螺状，花瓣白色，先端2裂或微凹。

　　生于海拔2490～3600 m的山坡、灌丛、草甸。

A171 酢浆草科 Oxalidaceae
白鳞酢浆草 *Oxalis leucolepis*

　　多年生草本。根状茎鳞片疏离，白色。三出复叶；小叶倒三角形，先端凹陷。花单生，花瓣常白色，具紫色条纹，顶端缺。

　　生于海拔2600～3800 m的林地、草地、灌丛。

A186 金丝桃科 Hypericaceae
尖萼金丝桃 *Hypericum acmosepalum*

　　灌木，皮层灰褐色。叶有宽柄。花序近伞房状；花萼离生，花瓣深黄色，花药黄色至橙黄色。蒴果。种子狭圆柱形。

　　生于海拔900～3000 m的山坡、灌丛、溪边。

A186 金丝桃科 Hypericaceae

北栽秧花 *Hypericum pseudohenryi*

灌木。叶全缘,坚纸质,有腺体;具柄。花序近伞房状;花瓣金黄色,倒卵形。蒴果卵珠状。种子深橙褐色,狭圆柱形。

生于海拔 1400 ~ 3800 m 的松林、灌丛、山坡草地。

遍地金 *Hypericum wightianum*

一年生草本。叶全缘,抱茎,但常有具柄的黑腺毛;无柄。二歧状聚伞花序顶生;花瓣黄色。蒴果,红褐色。种子褐色。

生于海拔 800 ~ 2750 m 的田地、草丛。

A200 堇菜科 Violaceae

双花堇菜 *Viola biflora*

多年生草本。叶片肾形、宽卵形或近圆形。花黄色或淡黄色,花瓣长圆状倒卵形,具紫色脉纹。蒴果长圆状卵形,无毛。

生于海拔 2500 ~ 4000 m 的高山草甸、灌丛、林缘、岩缝。

A200 堇菜科 Violaceae

灰叶堇菜 *Viola delavayi*

多年生草本。基生叶常 1 或缺，厚纸质，叶缘具波状锯齿，齿端具腺点。花单生，黄色，花柱上部二裂。蒴果近长圆形。

生于海拔 1800 ~ 2800 m 的山地林缘、山坡草地、溪谷。

紫花堇菜 *Viola grypoceras*

多年生草本。基生叶心形或宽心形，边缘具钝锯齿；茎生叶三角状心形或狭卵状心形。花淡紫色，花瓣倒卵状长圆形。蒴果椭圆形。

生于海拔 2000 ~ 4000 m 的山坡林地。

紫花地丁 *Viola philippica*

多年生草本。叶基生，莲座状，具圆齿。花紫堇色，喉部色淡并有紫色条纹，距细管状，子房卵形，花柱棍棒状。蒴果。

生于海拔 2000 ~ 3000 m 的山坡草丛、林缘、灌丛。

A200 堇菜科 Violaceae

匍匐堇菜 *Viola pilosa*

多年生草本。叶近基生，叶片卵形或狭卵形，边缘密生浅钝齿。花淡紫色或白色，花瓣长圆状倒卵形。蒴果近球形。

生于海拔 800～2500 m 的山地、草地、路边。

锡金堇菜 *Viola sikkimensis*

多年生草本。叶基生，宽卵形或近圆形，有锯齿。花小，白色或淡紫色，有距，柱头有缘边，前方具短喙。蒴果卵球形。

生于海拔 1500～3000 m 的山坡林地、林缘、溪谷。

密毛粗齿堇菜
Viola urophylla var. *densivillosa*

多年生草本。基生叶深心形，茎生叶三角状卵形或宽心形，叶片被柔毛，边缘具粗齿，被缘毛。花黄色。蒴果小，卵球形。

生于海拔 2500～3700 的山地草丛、溪谷、林缘。

A204 杨柳科 Salicaceae
清溪杨
Populus rotundifolia var. *duclouxiana*

乔木。单叶互生，卵状圆形或三
角状圆形，基部微心形或截形，边缘
具波状钝锯齿。柔荑花序下垂。果序
轴有毛；蒴果长卵形。

生于海拔约 2800 m 的林地。

滇杨 *Populus yunnanensis*

乔木，树皮灰色，纵裂。叶纸
质，沿中脉上稍有柔毛。雄花序轴光
滑，苞片掌状，丝状条裂，光滑，赤
褐色。蒴果近无柄。

生于海拔 1300 ～ 2700 m 的山地。

小垫柳 *Salix brachista*

垫状灌木。叶椭圆形、倒卵状椭
圆形或卵形，叶缘在中部以上具疏腺
锯齿，下部齿疏或全缘。花序卵圆形；
子房卵形，无柄，无毛。

生于海拔 2600 ～ 3900 m 的灌丛
或石缝中。

A204 杨柳科 Salicaceae
丑柳 *Salix inamoena*

小灌木。叶椭圆形；叶柄明显，被锈毛。花序圆柱形，直立斜出或稍弯曲，苞片近圆形。蒴果卵状长圆形，褐红色。

生于海拔约 2000 m 的路边、水沟、山谷。

A207 大戟科 Euphorbiaceae
湖北大戟 *Euphorbia hylonoma*

多年生草本，全株光滑无毛。茎直立，上部多分枝。叶互生，长圆形至椭圆形，先端圆。无柄花序单生于二歧分枝顶端，总苞钟状。

生于海拔 2000 ～ 3000 m 的山沟、山坡、灌丛、草地、疏林等地。

土瓜狼毒 *Euphorbia prolifera*

草本，全株光滑无毛。叶互生，线状，苞叶黄色。聚伞花序单生于二歧分枝顶端，总苞阔钟状，腺体近月牙形。蒴果。种子黄褐色。

生于海拔 1500 ～ 2500 m 的草坡、松林。

A207 大戟科 Euphorbiaceae

黄苞大戟 *Euphorbia sikkimensis*

多年生草本，全株无毛。根圆柱状。叶互生，长椭圆形。花序单生分枝顶端，总苞钟状，腺体4，半圆形。蒴果球状。

生于海拔1700～2500 m的山坡、疏林、灌丛。

高山大戟 *Euphorbia stracheyi*

多年生草本。块根纺锤形。叶互生，倒卵形至长椭圆形，全缘。花序单生于二歧分枝顶端，总苞钟状，腺体4，肾状圆形。蒴果卵圆状。

生于海拔2800～4000 m的高山草甸、灌丛、林缘。

大果大戟 *Euphorbia wallichii*

多年生草本。茎单生或数个丛生，高可达1 m，光滑无毛。叶互生，全缘。花序单生二歧分枝顶端。蒴果球状。种子棱柱状。

生于海拔2500～3800 m的高山草甸、山坡、林缘。

A207 大戟科 Euphorbiaceae

云南土沉香 *Excoecaria acerifolia*

灌木至小乔木，无毛。枝具纵棱，疏生皮孔。叶互生，纸质，有尖的腺状密锯齿。花单性，雌雄同株同序；花 3 数。蒴果。

生于海拔 1200 ～ 3000 m 的山坡、溪边、灌丛。

乌桕 *Triadica sebifera*

乔木，无毛，具乳状汁液。叶互生，纸质，菱形。总状花序，花单性。蒴果梨状球形。种子扁球形，外被白色的蜡质假种皮。

生于海拔 1500 m 以下的山坡、疏林。

A211 叶下珠科 Phyllanthaceae

滇藏叶下珠 *Phyllanthus clarkei*

灌木，茎圆柱状，全株无毛。单叶，互生，全缘；托叶三角形。花雌雄同株，单生于叶腋；萼片 6，花盘杯状。蒴果圆球状。

生于海拔 800 ～ 3000 m 的山地疏林、河边灌丛。

A211 叶下珠科 Phyllanthaceae
余甘子 *Phyllanthus emblica*

　　小乔木。羽状复叶，纸质至革质，线状长圆形。聚伞花序；雄花萼片膜质，黄色。蒴果核果状，外果皮肉质。种子略带红色。

　　生于海拔 800 ～ 2300 m 的山地疏林、灌丛、山沟。

A212 牻牛儿苗科 Geraniaceae
五叶老鹳草 *Geranium delavayi*

　　多年生草本。叶片掌状深裂至 2/3 处，裂片上部羽状浅裂或缺刻状。花瓣紫红色，基部深紫色。果被短柔毛。种子肾圆形，深褐色。

　　生于海拔 2300 ～ 4100 m 的山地草甸、林缘、灌丛。

刚毛紫地榆 *Geranium hispidissimum*

　　多年生草本，全株密被开展的刺毛状长腺毛和短柔毛。叶片五角状肾圆形，5 深裂，有齿。花紫红色。蒴果，被短柔毛。

　　生于海拔 1500 ～ 3000 m 的山坡草地。

A212 牻牛儿苗科 Geraniaceae

萝卜根老鹳草 *Geranium napuligerum*

多年生草本。肉质块根和纤维状须根。叶对生，近圆形或肾圆形，掌状 5 深裂近基部，上部近掌状 3 ～ 5 深裂。花序顶生；花瓣紫红色。

生于海拔 1800 m 以上的林下、亚高山草甸、灌丛。

汉荭鱼腥草 *Geranium robertianum*

一年生草本。茎具棱槽，被绢状毛和腺毛。叶二回至三回羽状分裂，被疏柔毛。花序腋生和顶生；花瓣粉红或紫红色。蒴果被短柔毛。

生于海拔 900 ～ 3300 m 的山地林下、岩壁、沟坡。

中华老鹳草 *Geranium sinense*

多年生草本，具腺毛。单叶互生或对生，五角形，5 深裂。聚伞花序，顶生或腋生；花瓣紫黑色，卵圆形，向上反折。蒴果被短柔毛。

生于海拔 2300 ～ 3500 m 的山坡草地。

A214 使君子科 Combretaceae
滇榄仁 *Terminalia franchetii*

乔木。叶互生，纸质，椭圆形；叶柄顶端具 2 腺体。穗状花序腋生或顶生；萼管杯状，雄蕊 10，伸出萼筒。翅果被黄褐色长柔毛。

生于海拔 1400～2600 m 的灌丛、杂木林。

A216 柳叶菜科 Onagraceae
高山露珠草 *Circaea alpina*

多年生草本。茎被密或稀的毛。叶具尖锯齿。顶生总状花序；花白色。蒴果棒状至倒卵状，具钩状毛，1 室，具 1 种子。

生于海拔 3000～3800 m 的灌丛、高山草地。

毛脉柳叶菜 *Epilobium amurense*

多年生草本。叶卵形，先端锐尖，基部圆形或宽楔形，边缘具锐齿。总状花序；花白色、粉红色或玫瑰紫色。蒴果。种子深褐色。

生于海拔 1900～3400 m 的沼泽地、草地、林缘。

A216 柳叶菜科 Onagraceae
圆柱柳叶菜 *Epilobium cylindricum*

　　多年生草本。茎圆柱状。叶对生，狭披针形至线形。花序直立；花瓣粉红色至玫瑰紫色，稀白色。种子褐色，表面具乳突。

　　生于海拔 1300 ～ 3300 m 的山坡林缘、沟谷、沼湖边。

A226 省沽油科 Staphyleaceae
野鸦椿 *Euscaphis japonica*

　　落叶小乔木或灌木。叶对生，奇数羽状复叶；小叶厚纸质，长卵形或椭圆形。圆锥花序顶生。蓇葖果，果皮软革质，紫红色。

　　生于海拔 900 ～ 1800 m 的山地、山谷。

A239 漆树科 Anacardiaceae
盐肤木 *Rhus chinensis*

　　落叶小乔木或灌木。奇数羽状复叶；小叶具粗锯齿，叶轴具叶状宽翅。圆锥花序；花白色。核果被具节柔毛和腺毛，成熟时红色。

　　生于海拔 800 ～ 2800 m 的山坡、沟谷、灌丛。

A239 漆树科 Anacardiaceae
小漆树 *Toxicodendron delavayi*

灌木或小乔木，常被白粉，无毛。奇数羽状复叶；小叶对生，叶背被白粉。总状花序或圆锥花序；花淡黄色，花瓣长圆形。核果。

生于海拔 1100 ～ 2500 m 的山坡林地、灌丛。

A240 无患子科 Sapindaceae
青榨槭 *Acer davidii*

落叶乔木。叶纸质，卵形或长卵形，具不整齐锯齿。总状花序顶生，下垂；花瓣倒卵形。翅果黄褐色，两翅成钝角或近水平。

生于海拔 1000 ～ 1500 m 的疏林。

丽江槭 *Acer forrestii*

落叶乔木。叶纸质，3 裂。雌雄异株；总状花序；花黄绿色。翅果幼嫩时紫红色，成熟以后为黄褐色，翅张开成钝角。

生于海拔 3000 ～ 3800 m 的疏林。

A240 无患子科 Sapindaceae

五裂槭 *Acer oliverianum*

　　落叶小乔木。树皮平滑，常被蜡粉。叶纸质，5 裂。花杂性；伞房花序；花瓣淡白色。翅果镰刀形，翅张开近水平。

　　生于海拔 1500～2000 m 的林缘、疏林。

车桑子（坡柳）*Dodonaea viscosa*

　　灌木或小乔木。单叶，纸质，全缘或不明显的浅波状，有黏液，无毛。总状花序。蒴果倒心形，有翅。种子透镜状，黑色。

　　生于海拔约 1800 m 的山坡、旷地、沙土。

川滇无患子 *Sapindus delavayi*

　　落叶乔木。偶数羽状复叶；小叶近对生，卵形或卵状长圆形。圆锥花序顶生；花白色，萼片 5，花瓣通常 4。核果肉质。

　　生于海拔 1200～2600 m 的密林。

A241 芸香科 Rutaceae

臭节草 *Boenninghausenia albiflora*

　　常绿草本，有浓烈气味。叶薄纸质，小裂片倒卵形、菱形或椭圆形。花序多花；花瓣白色，有时顶部桃红色，子房具柄。种子肾形。

　　生于海拔 800～2500 m 的山地、草丛、疏林。

石椒草 *Boenninghausenia sessilicarpa*

　　多年生常绿草本。叶互生，三出复叶；小叶全缘。聚伞圆锥花序顶生；花瓣白色，长圆形或倒卵状长圆形，子房无柄。蓇葖果。

　　生于海拔 2200～3000 m 的山地。

乔木茵芋 *Skimmia arborescens*

　　小乔木。叶椭圆形、长圆形或倒卵状椭圆形，两面无毛。花瓣 5，萼片比苞片稍大，边缘均被毛。果圆球形，蓝黑色。

　　生于海拔 1000～2800 m 的山地。

A241 芸香科 Rutaceae

飞龙掌血 *Toddalia asiatica*

木质攀援藤本。枝干多钩刺。指
状三出叶。伞房状聚伞花序或圆锥花
序；花单性。核果橙红或朱红色。种
子肾形，褐黑色。

生于海拔 1200 ～ 2600 m 的山地、
灌丛。

刺花椒 *Zanthoxylum acanthopodium*

落叶小乔木，枝有锐刺，全株被
锈色柔毛。羽状复叶；小叶对生，边
缘具齿。圆锥状聚伞花序；花被片淡
黄绿色。蓇葖果。

生于海拔 1400 ～ 2500 m 的山地、
灌丛、疏林。

花椒 *Zanthoxylum bungeanum*

落叶小乔木。奇数羽状复叶；小
叶对生，无柄，叶缘有细裂齿，齿缝
有油点。圆锥状聚伞花序；花被片黄
绿色。蓇葖果紫红色。

生于海拔 3200 m 以下的坡地。

A241 芸香科 Rutaceae

花椒簕 *Zanthoxylum scandens*

　　藤状灌木，具短钩刺。羽状复叶互生或叶轴上部叶对生。聚伞状圆锥花序；花瓣 4，淡黄绿色。果瓣紫红色，顶端具短芒尖。

　　生于海拔 1500 m 的山坡、灌丛、疏林。

A247 锦葵科 Malvaceae

平当树 *Paradombeya sinensis*

　　小乔木或灌木。叶膜质，有小锯齿，基生 3 脉，侧脉约 10 对。花簇生于叶腋，花瓣白色或浅黄色。蒴果。种子深褐色。

　　生于海拔 1000 ～ 1500 m 的山坡、灌丛。

A249 瑞香科 Thymelaeaceae

狼毒（甘遂）*Stellera chamaejasme*

　　多年生草本。叶全缘。头状花序顶生，具绿色总苞；花黄色至带紫色，花萼裂片 5，雄蕊 10。小坚果。种皮膜质，淡紫色。

　　生于海拔 2600 ～ 4200 m 的高山草坡、河滩。

A249 瑞香科 Thymelaeaceae

澜沧荛花 Wikstroemia delavayi

灌木。叶对生，披针状倒卵形、倒卵形或倒披针形。圆锥花序顶生；花黄绿色，被散生的小疏柔毛，裂片4，长圆形。干果圆柱形。

生于海拔 2000 ~ 2700 m 的河边、山坡林地、灌丛。

一把香 Wikstroemia dolichantha

灌木。叶互生，长圆形至披针形，纸质。花序顶生和近顶生；花盘鳞片 1，线状披针形。核果纺锤形，被宿存花萼包围。

生于海拔 1300 ~ 2300 m 的山坡草地。

富民荛花 Wikstroemia fuminensis

灌木。嫩枝绿色，老时变为深紫色至褐色。叶对生，纸质，两面无毛。花序顶生，头状；花萼裂片 5，黄色；雄蕊 10，2 轮。

生于海拔 2000 ~ 2700 m 的斜坡。

A270 十字花科 Brassicaceae

圆锥南芥 *Arabis paniculata*

二年生草本。基生叶簇生。总状花序顶生或腋生呈圆锥状；花瓣白色，长匙形。长角果线形。种子具狭翅，表面具小颗粒。

生于海拔 2500 ～ 2900 m 的山坡林地、荒地。

光头山碎米荠 *Cardamine engleriana*

多年生草本。基生叶肾形，边缘波状；茎生叶肾形、心形或卵形，边缘具波状圆齿。总状花序；花瓣白色，倒卵状楔形。

生于海拔 800 ～ 2400 m 的山坡林地、山谷沟边。

弹裂碎米荠 *Cardamine impatiens*

一年或二年生草本。羽状复叶；小叶具不整齐钝齿或近于全缘，散生短柔毛。总状花序；花瓣白色。长角果狭条形。

生于海拔 1000 ～ 3500 m 的山坡、沟谷、水边。

A270 十字花科 Brassicaceae

大叶碎米荠 *Cardamine macrophylla*

多年生草本。羽状复叶；小叶椭圆形或卵状披针形，边缘具锯齿。总状花序；花瓣淡紫色、紫红色，少有白色。种子椭圆形。

生于海拔 1600 ~ 3800 m 的山坡林地、灌丛、高山草地。

细巧碎米荠 *Cardamine pulchella*

多年生草本。根茎基部丛生白色小鳞茎。叶片长椭圆形。总状花序顶生；花瓣白色、粉红色至紫色，倒卵形。长角果线状长椭圆形。

生于海拔 3400 ~ 3800 m 的高山草甸、碎石堆。

匍匐碎米荠 *Cardamine repens*

一年生草本。根状茎匍匐延伸，疏生白色小鳞茎。茎直立。茎生叶 2 ~ 6，小叶 1 ~ 3 对，条形至披针形，全缘。总状花序顶生；花瓣白色至粉红色。

生于海拔 2400 ~ 3400 m 的草坡、灌木林下或潮湿的岩石缝中。

A270 十字花科 Brassicaceae
云南碎米荠 *Cardamine yunnanensis*

草本。茎单一，稍曲折，表面有沟棱。基生叶于花后凋萎；茎生叶有叶柄，基部稍扩大抱茎，小叶 1 ~ 2 对。边缘具齿。总状花序；花白色。

生于海拔 1030 ~ 3600 m 的山坡溪边、林下阴湿处或草丛中。

须弥芥 *Crucihimalaya himalaica*

二年或多年生草本。茎下部叶长圆状椭圆形，边缘具疏齿，上部叶长圆形，边缘具波状齿。花序伞房状；花瓣淡红色。长角果。

生于海拔 2000 ~ 3000 m 的沟谷、沙滩。

抱茎葶苈 *Draba amplexicaulis*

多年生草本。基生叶狭匙形；茎生叶披针形，抱茎。总状花序，密集成伞房状；花瓣金黄色。角果椭圆状卵形，具稍内弯的短喙。

生于海拔 3000 ~ 3900 m 的高山草甸、亚高山草地。

A270 十字花科 Brassicaceae

纤细葶苈 *Draba gracillima*

一年生丛生草本。基生叶莲座状，叶片被星状毛或分枝毛。疏生总状花序；萼片长圆形，花瓣黄色，倒卵楔形。短角果短宽条形。

生于海拔 3250 ～ 3800 m 的山坡草地、灌丛。

丽江葶苈 *Draba lichiangensis*

多年生丛生草本。基生叶莲座状，叶片近等长，倒披针形。总状花序，密集成伞房状；花瓣白色，倒卵圆形。短角果卵形。

生于海拔 3700 ～ 4000 m 的山坡、流石滩、山涧。

心果半脊荠 *Hemilophia cardiocarpa*

一年生草本，具根状茎，全株被毛。茎匍散斜伸，紫黑色。叶单生，卵状椭圆形，全缘。总状花序；花乳白色，喉部具蓝紫色条纹。角果心形。

生于海拔 3900 ～ 4200 m 的流石滩或草坡。

A270 十字花科 Brassicaceae

独行菜 *Lepidium apetalum*

一年或二年生草本。基生叶狭匙形，羽裂。总状花序顶生；萼片早落；花瓣丝状，退化；雄蕊 2 ~ 4。短角果扁平，具窄翅。

生于海拔 400 ~ 2000 m 的山坡、山沟、路边。

高河菜 *Megacarpaea delavayi*

多年生草本。羽状复叶，边缘具锯齿或羽状深裂。总状花序顶生，成圆锥花序状。短角果顶端 2 深裂，裂瓣歪倒卵形，黄绿带紫色。

生于海拔 3400 ~ 3800 m 的高山草原。

豆瓣菜 *Nasturtium officinale*

多年生水生草本，全体光滑无毛。茎匍匐或浮水生。奇数羽状复叶。总状花序顶生；花多数，白色。长角果圆柱形。

生于海拔 850 ~ 3700 m 的水沟边、山涧旁、水田中。

A270 十字花科 Brassicaceae
丛菔 *Solms-laubachia pulcherrima*

多年生草本。茎多分枝，被紧密宿存叶柄。叶多数，狭长椭圆形，下面及边缘被短柔毛。花顶生，多数，萼片条状披针形，花瓣蓝紫色或白色。

生于海拔 2800 ～ 3000 m 的草坡、河边或石灰岩的石缝中。

菥蓂 *Thlaspi arvense*

草本，无毛。基生叶有柄；茎生叶长圆状披针形。总状花序顶生；花白色。短角果近圆形或倒卵形，边缘有宽翅，顶端下凹。

生于海拔 1000 ～ 2500 m 的路旁、沟边。

A276 檀香科 Santalaceae
沙针 *Osyris quadripartita*

灌木。叶互生，椭圆状披针形。雄花集成聚伞花序；两性花或雌花单生。核果，成熟时橙黄色至红色，干后浅黑色。

生于海拔 800 ～ 2500 m 的灌丛中。

A279 桑寄生科 Loranthaceae
柳叶钝果寄生 *Taxillus delavayi*

灌木，全株无毛。叶互生。伞形花序；花冠红色，副萼环状，花冠花蕾时管状，顶部椭圆状，稍弯。浆果椭圆形。

生于海拔 1500 ～ 3500 m 的山地阔叶林或混交林中。

A283 蓼科 Polygonaceae
革叶拳参 *Bistorta coriacea*

多年生草本。基生叶卵状椭圆形或卵状披针形，革质。总状花序呈穗状，顶生紧密；花被紫红色，5 深裂。瘦果卵形，具 3 棱，黄褐色。

生于海拔 2800 ～ 4000 m 的山坡草地、灌丛、林缘。

竹叶舒筋 *Bistorta emodi*

小灌木，簇生，老枝匍匐。叶狭披针形或线状披针形，边缘强烈内卷。总状花序呈穗状，顶生；花被 5，紫红色。瘦果卵形。

生于海拔 1300 ～ 2800 m 的山坡石缝。

A283 蓼科 Polygonaceae

大海拳参 *Bistorta milletii*

多年生草本。基生叶披针形或长披针形，近革质。总状花序呈穗状，顶生，紧密；花被紫红色，5 深裂。瘦果卵形，具 3 棱，褐色。

生于海拔 1700 ～ 3900 m 的山坡草地、山顶草甸、山谷水边。

草血竭 *Bistorta paleacea*

多年生草本。基生叶革质，狭长圆形或披针形。总状花序呈穗状；花被 5 深裂，淡红色或白色，花被片椭圆形。瘦果卵形，具 3 锐棱。

生于海拔 1500 ～ 3500 m 的山坡草地、林缘。

金荞麦 *Fagopyrum dibotrys*

多年生草本。叶三角形；托叶鞘筒状，顶端截形，无缘毛。花序伞房状；花梗中部具关节；花被 5，白色。瘦果宽卵形，黑褐色。

生于海拔 800 ～ 3200 m 的山谷湿地、山坡灌丛。

A283 蓼科 Polygonaceae
荞麦 *Fagopyrum esculentum*

一年生草本。叶三角形或卵状三角形。花序总状或伞房状，顶生或腋生；花被 5 深裂，白色或淡红色。瘦果卵形，具 3 锐棱，暗褐色。

生于海拔 800 ～ 2820 m 的路边草丛、荒地、路边。

细柄野荞麦 *Fagopyrum gracilipes*

一年生草本，具纵棱，疏被短糙伏毛。叶卵状三角形。总状花序，花稀疏；花被 5，白色至淡红色。瘦果宽卵形，具 3 锐棱。

生于海拔 1000 ～ 3400 m 的山坡草地、田埂、路旁。

绒毛钟花神血宁
Koenigia campanulata var. *fulvida*

多年生草本。叶长卵形或宽披针形，叶片下面密生黄褐色绒毛。花序圆锥状；花被 5，倒卵形，淡红色或白色。瘦果宽椭圆形，黄褐色。

生于海拔 1400 ～ 3900 m 的山坡、山沟路旁。

A283 蓼科 Polygonaceae

山蓼 *Oxyria digyna*

多年生草本。基生叶肾形，近全缘。花序圆锥状；花两性花被片4，2轮。瘦果双凸镜状，边缘具淡红色的翅。

生于海拔1700～4000 m的高山山坡及山谷砾石滩。

中华山蓼 *Oxyria sinensis*

多年生草本。无基生叶，叶片圆心形。花序圆锥状；雌雄异株；花被片4，2轮。瘦果双凸镜状，边缘具淡红色的翅。

生于海拔1600～3800 m的山坡、山谷路旁。

赤胫散
Persicaria runcinatum var. *sinense*

多年生草本。叶羽裂，基部通常具1对裂片；托叶鞘膜质，筒状。花序头状；花被5，淡红色或白色。瘦果卵形，黑褐色。

生于海拔800～3900 m的山坡草地、山谷灌丛。

A283 蓼科 Polygonaceae

平卧蓼 *Persicaria strindbergii*

多年生草本。茎匍匐或平卧。叶心形，具缘毛，两面疏生柔毛。花序头状，顶生或腋生；花白色或淡红色。瘦果卵形，具3棱。

生于海拔 2000 ～ 3000 m 的山坡林下、山谷水边。

虎杖 *Reynoutria japonica*

多年生草本，具横走根状茎。茎直立，中空。叶互生，卵形或卵状椭圆形，全缘；托叶鞘膜质。花序圆锥状，腋生；雌雄异株。瘦果卵形。

生于海拔 1000 ～ 2000 m 的山坡灌丛、山谷、路旁、田边湿地。

齿果酸模 *Rumex dentatus*

一年生草本。叶互生，长圆形，无毛。圆锥状花序，轮状排列；花黄绿色，内花被片果时增大，具小瘤，具 4 ～ 8 刺状齿。瘦果黄褐色。

生于海拔 800 ～ 2500 m 的沟边湿地、山坡路旁。

A283 蓼科 Polygonaceae
尼泊尔酸模 *Rumex nepalensis*

多年生草本。基生叶长圆状卵
形。花序圆锥状；花两性；花被片
2 轮，内花被片边缘具 14 ～ 16 刺状
齿，具小瘤。瘦果卵形，褐色。

生于海拔 1000 ～ 3500 m 的山坡
路旁、山谷草地。

A284 茅膏菜科 Droseraceae
茅膏菜 *Drosera peltata*

多年生草本。鳞茎状球茎紫色。
茎生叶盾状，互生，叶缘密具头状黏
腺毛。螺状聚伞花序生于枝顶和茎顶；
花白色或红色。蒴果。

生于海拔 1200 ～ 3650 m 的松林、
草丛或灌丛中。

A295 石竹科 Caryophyllaceae
药山无心菜 *Arenaria iochanensis*

草本。茎铺散，紫色，密被 1 行
紫色腺柔毛。叶片狭披针形。聚伞花
序具 2 ～ 5 花或花单生于枝顶；花瓣
倒卵形，顶端微齿裂。

生于海拔 3200 ～ 3400 m 的高山
草甸中。

A295 石竹科 Caryophyllaceae

无心菜 *Arenaria serpyllifolia*

一年或二年生草本。单叶对生，卵形；无柄。聚伞花序，多花；花瓣白色，短于萼片，雄蕊 10，花柱 3。蒴果，与宿存萼长。

生于海拔 800 ~ 3980 m 的沙质或石质荒地、田野、山坡草地。

多柱无心菜 *Arenaria weissiana*

多年生草本。根纺锤形或圆锥形。叶片椭圆形、倒卵形、匙形或披针形。花单生或数花呈聚伞花序；花瓣 5，白色，倒卵圆形。

生于海拔 2800 ~ 4100 m 的高山草甸、流石坡。

缘毛卷耳 *Cerastium furcatum*

多年生草本。茎被稀疏或较密长柔毛。茎生叶叶片卵状披针形至椭圆形。聚伞花序；花瓣 5，白色。蒴果圆柱形。种子扁圆形，褐色。

生于海拔 1200 ~ 2300 m 的山地林缘杂草间或疏松沙质土壤中。

A295 石竹科 Caryophyllaceae

簇生泉卷耳 *Cerastium holosteoides*

一年、二年或多年生草本。茎被
白色短柔毛和腺毛。基生叶近匙形或
倒卵状披针形。聚伞花序顶生；花瓣
5，白色。蒴果圆柱形。种子褐色。

生于海拔 1200 ~ 2300 m 的山地
林缘杂草间或疏松沙质土壤中。

四川卷耳 *Cerastium szechuense*

一年生草本。叶片披针形，顶端
钝，基部无柄。聚伞花序顶生；花瓣
长椭圆状楔形，白色，顶端浅 2 齿裂。
蒴果长圆形。

生于海拔 2100 ~ 3500 m 的山坡
草地中。

金铁锁 *Psammosilene tunicoides*

多年生草本，具棕黄色肉质根。
茎铺散，平卧。叶对生，卵形，被柔
毛。三歧聚伞花序密被腺毛；花紫红
色。蒴果棒状。

生于海拔 2000 ~ 3800 m 的砾石
山坡或石灰质岩石缝中。

A295 石竹科 Caryophyllaceae

漆姑草 *Sagina japonica*

一年生小草本，上部被腺毛。茎丛生，稍铺散。单叶对生，线形。花小，单生，白色。蒴果卵圆形，微长于宿存萼。

生于海拔 800 ～ 3800 m 的河岸沙质地、荒地或路旁草地上。

女娄菜 *Silene aprica*

一年或二年生草本，全株密被短柔毛。单叶对生。圆锥花序；花白色或淡红色。蒴果卵形，与宿存萼近等长或微长。

生于海拔 1200 ～ 3300 m 的林下、林缘、灌丛下或山坡草地。

掌脉蝇子草 *Silene asclepiadea*

多年生草本，全株被短柔毛。叶片宽卵形或卵状披针形。二歧聚伞花序大型；花萼钟形，花瓣淡紫色或变白色，上部啮蚀状。蒴果卵形。

生于海拔 1300 ～ 3900 m 的灌丛草地或林缘。

A295 石竹科 Caryophyllaceae

狗筋蔓 Silene baccifera

多年生草本。叶卵形，对生。圆锥花序；花萼宽钟形，果期反折，花瓣白色，叉状浅二裂。浆果状蒴果球形，熟时黑色。

生于海拔 1000 ～ 3600 m 的林下、灌丛、草地、路边、田埂边等。

西南蝇子草 Silene delavayi

多年生草本。基生叶叶片椭圆状披针形。聚伞花序具多数花；花萼狭钟形或筒状钟形，花瓣红色或深紫色，瓣片边缘上部啮蚀状。

生于海拔 2300 ～ 3800 m 的高山草地。

东川蝇子草 Silene dentipetala

多年生草本。基生叶倒披针形，先端钝，具尖头，基部渐狭入叶柄。聚伞花序顶生，被腺柔毛；花萼钟形，花瓣淡紫色，瓣片微露出花萼。

生于海拔 2800 ～ 3300 m 的潮湿岩壁上。

A295 石竹科 Caryophyllaceae
黄绿蝇子草 *Silene flavovirens*

多年生草本。基生叶多数，狭倒披针形，先端渐尖，两面被微柔毛。总状花序 3 ～ 5 花；花萼钟形，萼脉10，深绿色，花瓣淡黄绿色。

生于海拔 2800 ～ 3600 m 的林地、草甸。

细蝇子草 *Silene gracilicaulis*

多年生草本。单叶对生，具缘毛。总状花序；花对生，稀呈假轮生，花萼狭钟形，花瓣白色带紫色。蒴果长圆状卵形。

生于海拔 3000 ～ 4000 m 的多砾石草地或山坡。

喇嘛蝇子草 *Silene lamarum*

多年生草本。叶狭倒披针形至披针形，基部微抱茎。聚伞花序具 2 ～ 4 花；花萼钟形，花瓣淡紫色，爪倒披针形。蒴果椭圆状卵形。种子肾形。

生于海拔 2900 ～ 4000 m 的高山草地或灌丛中。

A295 石竹科 Caryophyllaceae
红齿蝇子草 *Silene phoenicodonta*

多年生草本。叶卵状椭圆形或倒卵状椭圆形。二歧聚伞花序疏松；花萼卵状钟形，花瓣暗紫色。蒴果宽卵形。种子肾形，肥厚，暗褐色。

生于海拔 1600 ～ 2600 m 的灌丛中或溪边。

粘萼蝇子草 *Silene viscidula*

多年生草本，全株被短柔毛。单叶对生，具短缘毛。大型二歧聚伞花序；花萼钟形，花瓣淡红色，花被片超萼筒。蒴果卵形，比宿存萼短。

生于海拔 1200 ～ 3200 m 的灌丛草地。

鹅肠菜 *Stellaria aquatica*

草本，上部被腺毛。叶对生，疏生柔毛。二歧聚伞花序顶生；花瓣白色，深 2 裂。蒴果卵圆形，稍长于宿存萼。种子褐色。

生于海拔 800 ～ 2700 m 的河流两旁冲积沙地的低湿处，或灌丛林缘和水沟旁。

A295 石竹科 Caryophyllaceae

细柄繁缕 *Stellaria petiolaris*

多年生草本。茎多数，丛生。叶片狭卵形，基部近圆形。二歧聚伞花序具长花序梗；花瓣 5，白色，与萼片等长，2 深裂至基部。

生于海拔 1800 ～ 3700 m 的林下或灌丛草甸中。

箐姑草 *Stellaria vestita*

多年生草本，全株密被星状毛。叶对生；无柄或具短柄。聚伞花序疏散，顶生；花瓣白色。蒴果卵球形，与宿存萼等长。

生于海拔 800 ～ 3600 m 的草坡、林下，或石滩、石隙中。

千针万线草 *Stellaria yunnanensis*

多年生草本。单叶对生，具稀疏缘毛；无柄。二歧聚伞花序疏散；花瓣白色，深 2 裂。蒴果卵圆形，稍短于宿存萼。种子褐色。

生于海拔 1800 ～ 3250 m 的林下或林缘岩石间。

A297 苋科 Amaranthaceae
千针苋 *Acroglochin persicarioides*

一年生草本，无毛。单叶互生，具不整齐锯齿。复二歧聚伞状花序腋生，最末端的分枝针刺状。盖果，成熟时盖裂。

多生于田边、路旁、河边、荒地等处。

A305 商陆科 Phytolaccaceae
商陆 *Phytolacca acinosa*

多年生草本，无毛。单叶互生。总状花序顶生或侧生，直立；花被片通常白绿色，花后反折；心皮分离；雄蕊 8 ～ 10。浆果熟时黑色。

生于海拔 1000 ～ 3400 m 的沟谷、山坡林下、林缘路旁。

A320 绣球花科 Hydrangeaceae
大萼溲疏 *Deutzia calycosa*

灌木。单叶对生，具疏离锯齿，疏被星状毛。伞房状聚伞花序紧缩或开展；花白色或稍粉红色。蒴果半球形，褐色。

生于海拔 2000 ～ 3000 m 的林下或山坡灌丛中。

A320 绣球花科 Hydrangeaceae

中国绣球 *Hydrangea chinensis*

灌木。叶长圆形或狭椭圆形，先端具尖头。伞状或伞房状聚伞花序顶生，分枝 5 或 3；花瓣黄色，椭圆形或倒披针形。蒴果卵球形。

生于海拔 1000 ~ 2000 m 的山谷溪边林下或山坡灌丛。

滇南山梅花 *Philadelphus henryi*

灌木。叶纸质，卵形或卵状长圆形。总状花序；花萼外面密被刚毛，暗紫色，花瓣白色，圆形或长圆形。蒴果倒卵形。

生于海拔 1300 ~ 2200 m 山坡灌丛中。

昆明山梅花
Philadelphus kunmingensis

灌木。叶纸质，卵形或卵状披针形。总状花序；花萼外面密被灰黄色糙伏毛；花瓣白色，倒卵形或近圆形。蒴果陀螺形，灰褐色。

生于海拔 2100 m 的灌丛中。

A324 山茱萸科 Cornaceae
头状四照花 *Cornus capitata*

常绿乔木，稀灌木。叶对生，革质，贴生短柔毛。头状花序球形；总苞片 4，白色；花绿色。果序扁球形，成熟时紫红色。

生于海拔 1000 ～ 1400 m 的森林中。

A325 凤仙花科 Balsaminaceae
黄麻叶凤仙花 *Impatiens corchorifolia*

一年生草本。叶互生；叶柄基部有缘毛状具柄腺体。花序具 1 或 2 花，生叶腋；花大，黄色，有时有紫斑。蒴果条形。

生于海拔 2100 ～ 3500 m 的杂木林下或山谷林缘阴湿处。

束花凤仙花 *Impatiens desmantha*

高大草本。叶互生，叶片卵形；具柄。总花梗多数，通常密集于枝顶端；花小，黄色。蒴果线形或窄棒状。种子少数，倒卵形。

生于海拔 2800 ～ 3500 m 的冷杉林下或山谷阴湿处。

A325 凤仙花科 Balsaminaceae

路南凤仙花 *Impatiens loulanensis*

一年生草本。叶互生，卵状矩圆形或卵状披针形。总状花序；苞片卵形，先端有一个具腺体的芒，花黄色。蒴果线形。

生于海拔 1200 ～ 2500 m 的山谷湿地、林下草丛或水沟边。

辐射凤仙花 *Impatiens radiata*

一年生草本。叶互生，具圆齿，齿间有小刚毛。花轮生或近轮生，呈辐射状；花小，浅紫色或淡黄白色。蒴果线形。

生于海拔 2100 ～ 3500 m 的山坡湿润草丛中或林下阴湿处。

红纹凤仙花 *Impatiens rubrostriata*

一年生草本。叶互生，具粗圆锯齿，齿尖有小刚毛，基部具腺体。总状花序具 3 ～ 5 花；花大，白色，具红色条纹。蒴果纺锤形。

生于海拔 1700 ～ 2600 m 的山谷溪旁、疏林下或灌丛下潮湿处。

A325 凤仙花科 Balsaminaceae

黄金凤 *Impatiens siculifer*

　　一年生草本。叶互生,常密集于上部,有粗圆齿,齿间有小刚毛。总状花序有 5 ～ 8 花;花黄色。蒴果棒状。

　　生于海拔 800 ～ 2500 m 的山坡混交林下潮湿处或草丛中。

滇水金凤 *Impatiens uliginosa*

　　一年生草本。叶互生;近无柄,基部有 1 对球状腺体。花近伞房状排列,多数生于上部叶腋;花红色。蒴果近圆柱形。

　　生于海拔 1500 ～ 2600 m 的林下、水沟边潮湿处或溪边。

药山凤仙花 *Impatiens yaoshanensis*

　　一年生草本。单叶互生,常簇生枝顶,椭圆形或卵状椭圆形。总状花序生于枝顶叶腋,花紫红色;侧身萼片卵圆形。蒴果棒状。

　　生于海拔 2280 ～ 2600 m 的常绿阔叶林下。

A335 报春花科 Primulaceae

腋花点地梅 *Androsace axillaris*

多年生草本。茎匍匐，被灰色柔毛。基生叶丛生，叶圆形至肾圆形，被粗伏毛。花白色，2～3生于茎节上。蒴果。

生于海拔 1800～3300 m 的山坡疏林下湿润处。

莲叶点地梅 *Androsace henryi*

多年生草本。叶基生，圆形至圆肾形。伞形花序 12～40 花；花萼漏斗状；花冠白色，筒部与花萼近等长，裂片倒卵状心形。蒴果。

生于海拔 1900～3200 m 的阔叶林下、冷杉林下或沟边湿润处。

硬枝点地梅 *Androsace rigida*

多年生草本。根出条多数，密被刚毛状硬毛。叶 3 型，边缘具缘毛。花葶单一，直立，被硬毛；伞形花序；花冠深红色或粉红色。蒴果。

生于海拔 2900～3800 m 的山坡草地、林缘或石缝中。

A335 报春花科 Primulaceae

刺叶点地梅 *Androsace spinulifera*

多年生草本，具木质粗根。莲座状叶丛单生或 2 ～ 3 叶自根茎簇生。伞形花序多花；花冠深红色。蒴果近球形，稍长于花萼。

生于海拔 2900 ～ 4000 m 的山坡草地、林缘、砾石缓坡和湿润处。

狼尾花 *Lysimachia barystachys*

草本，密被卷曲柔毛。茎直立。叶互生，长圆状披针形、倒披针形至线形；近无柄。总状花序顶生，花冠白色。蒴果球形。

生于海拔约 2000 m 的草甸、山坡路旁灌丛间。

过路黄 *Lysimachia christinae*

草本，茎平卧延伸。叶对生，透光可见密布的透明腺条。花单生叶腋，花冠黄色，花丝下半部合生成筒。蒴果球形。

生于海拔 1800 ～ 2800 m 的沟边、路旁阴湿处和山坡林下。

A335 报春花科 Primulaceae

小寸金黄
Lysimachia deltoidea var. *cinerascens*

草本，根簇生成丛。茎和叶密被柔毛。叶椭圆形至近圆形，先端圆钝。花单生叶腋，花冠黄色，5深裂，基部具透明腺点。蒴果。

生于海拔 1000 ~ 3000 m 的山坡草地、灌丛中和岩石边。

叶苞过路黄 *Lysimachia hemsleyi*

草本。茎直立，被褐色柔毛。叶对生，卵状椭圆形。总状花序顶生，苞叶逐渐缩小；花萼分裂达基部，花冠黄色。蒴果。

生于海拔 1600 ~ 2600 m 的山坡灌丛中和草地中。

长蕊珍珠菜 *Lysimachia lobelioides*

草本，无毛。茎微4棱。叶全缘；叶柄具狭翅。总状花序顶生；花冠白色或淡红色，雄蕊明显伸出花冠。蒴果球形。

生于海拔 1000 ~ 2300 m 的山谷溪边、山坡草地湿润处。

A335 报春花科 Primulaceae
叶头过路黄 *Lysimachia phyllocephala*

草本。茎常簇生，匍匐，密被毛。叶对生，多为卵圆形，两面密被糙伏毛。花序顶生，近头状，多花；花冠黄色。蒴果球形，褐色。

生于海拔 1000 ～ 2600 m 的阔叶林下、溪边、路旁。

阔瓣珍珠菜 *Lysimachia platypetala*

草本，无毛。叶互生，披针形，边缘皱波状。总状花序；花冠白色或淡红色，阔钟形，基部具爪，雄蕊伸出花冠。蒴果球形。

生于海拔 2000 ～ 2500 m 的山谷溪边和林缘。

矮星宿菜 *Lysimachia pumila*

多年生草本。茎通常多条簇生。叶片匙形、倒卵形或阔卵形。头状花序顶生；花冠淡红色，匙形或倒卵形。蒴果卵圆形。

生于海拔 3500 ～ 4000 m 的山坡草地、潮湿谷地。

A335 报春花科 Primulaceae

山丽报春 *Primula bella*

多年生小草本。基部有少数枯叶。叶倒卵形至近圆形或匙形。顶生1～3花；花萼狭钟状，花冠蓝紫色、紫色或玫瑰红色，外面无毛。蒴果。

生于海拔 3700～4000 m 的山坡乱石堆间。

美花报春
Primula calliantha subsp. *calliantha*

多年生草本，全株被黄粉。叶丛基部有鳞片，呈鳞茎状；叶片边缘具小圆齿。伞形花序1轮，3～10花；花冠淡紫红色至深蓝色。蒴果。

生于海拔 3800～4000 m 的流石滩或高山草地上。

显脉报春 *Primula celsiiformis*

多年生草本。叶矩圆形至矩圆状椭圆形。总状花序多花；花萼阔钟状，果时增大，外面网脉突起；花冠堇紫色，冠筒管状。蒴果近球形。

生于海拔 1200～2500 m 的山坡石缝中。

A335 报春花科 Primulaceae

滇北球花报春
Primula denticulata subsp. *sinodenticulata*

多年生草本，全株被粉。开花期叶丛基部有芽鳞，叶两面多少被毛。花序近头状；花萼狭钟状，花冠蓝紫色或紫红色。蒴果近球形。

生于海拔 2800 ～ 3800 m 的山坡草地、水边和林下。

东川报春 *Primula dongchuanensis*

多年生草本。植株无毛，具粗壮的须根。叶形成紧密的莲座丛，叶倒卵形、长圆形至倒披针形。头状花序顶生；花冠黄色。蒴果。

生于海拔 3700 ～ 4000 m 的山坡乱石堆间。

峨眉报春 *Primula faberi*

多年生草本。根茎粗短，具多数粗长的支根。叶椭圆形至矩圆形或倒披针形。伞形花序紧密；花萼钟状，花冠黄色。蒴果长圆形。

生于海拔 2100 ～ 3500 m 的山坡草地。

A335 报春花科 Primulaceae

垂花报春 *Primula flaccida*

多年生草本。叶椭圆形至阔倒披针形。顶生头状或短穗状花序；花萼阔钟伏，花冠漏斗状。蒴果近球形，稍短于花萼。

生于海拔 2700 ~ 3600 m 的多石草坡和松林下。

俯垂粉报春 *Primula nutantiflora*

多年生小草本。叶丛稍密，基部外围有枯叶；叶椭圆形、倒卵状椭圆形或倒披针形。花萼钟状；花冠淡紫色或粉红色。蒴果，短于花萼。

生于海拔 1900 ~ 3000 m 的湿润岩缝中。

鄂报春

Primula obconica subsp. *obconica*

草本。叶簇生，叶矩圆形、椭圆形或卵状椭圆形。伞形花序疏松；花萼钟状，通常直径大于长度；花冠粉红色，仅稍长于花萼。蒴果。

生于海拔 1000 ~ 2200 m 的林下、水沟边和湿润岩石上。

A335 报春花科 Primulaceae

齿萼报春 *Primula odontocalyx*

多年生草本。叶矩圆状或倒卵状匙形，边缘具齿。伞形花序通常 1 ～ 3 花；花冠蓝紫色或淡红色，冠筒喉部具黄色环状附属物。蒴果扁球形。

生于海拔 900 ～ 3350 m 的山坡草丛中和林下。

羽叶穗花报春 *Primula pinnatifida*

草本，被毛。叶基生，矩圆形至倒披针形，边缘具齿或羽状分裂。花序短穗状或近头状，下垂；花冠蓝紫色，漏斗状。蒴果。

生于海拔 3600 ～ 4000 m 的山坡草地和石隙中。

峨眉苣叶报春
Primula sonchifolia subsp. *emeiensis*

多年生草本。叶矩圆形至倒卵状矩圆形，叶羽状分裂，裂深达叶片每侧的 2/3。伞形花序 3 至多花，无粉；花萼钟状，花冠蓝色，裂片全缘。

生于海拔 2300 ～ 3800 m 的林下和山坡草地。

A335 报春花科 Primulaceae

乌蒙紫晶报春 *Primula virginis*

多年生草本。叶丛基部有越年枯叶柄和少数鳞片，鳞片狭披针形；叶披针形至狭椭圆状披针形。伞形花序顶生；花冠蓝紫色。蒴果。

生于海拔 3300 ～ 3650 m 有苔藓覆盖的石上。

云南报春 *Primula yunnanensis*

多年生小草本。叶丛稍紧密，基部外围有枯叶；叶椭圆形、倒卵状椭圆形或匙形。花顶生，花萼钟状，花冠玫瑰红色至堇蓝色，被粉。

生于海拔 2800 ～ 3600 m 的石灰岩上。

A336 山茶科 Theaceae

西南红山茶 *Camellia pitardii*

灌木至小乔木，嫩枝无毛。叶革质，无毛，边缘有尖锐粗锯齿。花顶生，红色，苞片及萼片 10，花瓣 5 ～ 6。蒴果扁球形。

生于海拔 1100 ～ 2100 m 的阔叶林下或林缘灌丛中。

A336 山茶科 Theaceae

银木荷 *Schima argentea*

乔木。单叶互生，厚革质，长圆形至长圆状披针形，叶下有银白色蜡被，全缘。花簇生，花瓣5，白色，苞片2。蒴果球形。

生于海拔 1600 ～ 2100 m 的阔叶林或针阔叶混交林中。

A338 岩梅科 Diapensiaceae

岩匙 *Berneuxia thibetica*

多年生草本。叶基生，革质，全缘，反卷。顶生伞形总状花序生于花葶上；花白色，花萼全缘，雄蕊和退化雄蕊连合成环状。蒴果。

生于海拔 1700 ～ 3500 m 的高山或中山潮湿地区。

黄花岩梅 *Diapensia bulleyana*

半灌木。叶螺旋状互生，全缘；具鞘状叶柄。萼片5，黄绿色，花冠黄色，5浅裂，阔钟形，雄蕊和退化雄蕊各5，子房上位。蒴果。

生于海拔 3000 ～ 4100 m 的高山灌丛或岩石壁上。

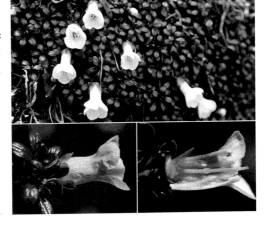

A338 岩梅科 Diapensiaceae

红花岩梅 *Diapensia purpurea*

常绿垫状平卧半灌木。主茎极短。叶密生于茎上，革质，匙状椭圆形。花单生于枝顶端，蔷薇紫色或粉红色，几无梗，萼片 5。蒴果。

生于海拔 2600 ～ 4200 m 的山顶或荒坡岩壁上。

A345 杜鹃花科 Ericaceae

芳香白珠 *Gaultheria fragrantissima*

常绿灌木。枝粗糙，有香味。叶互生，有锯齿，侧脉羽状。总状花序腋生，被细柔毛；花萼 5 裂，花冠白色，5 浅裂。蒴果浆果状。

生于海拔 2300 ～ 2700 m 的杂木林中。

滇白珠

Gaultheria leucocarpa var. *crenulata*

常绿灌木。枝条细长，无毛。叶革质，有香味，两面无毛。花疏生，花冠白绿色，钟形，子房球形，被毛，花柱无毛，短于花冠。

生于海拔 2500 ～ 3500 m 的山坡、灌丛中。

A345 杜鹃花科 Ericaceae

珍珠花（米饭花）*Lyonia ovalifolia*

常绿或落叶小乔木。叶互生，革质，全缘。总状花序腋生；花萼深5裂，花冠圆筒状，浅5裂，裂片向外反折，雄蕊10。蒴果。

生于海拔1700～2800 m的山坡疏林、灌丛中。

水晶兰 *Monotropa uniflora*

多年生肉质腐生草本，全株白色，干后变黑。叶鳞片状，互生。花单一，顶生，筒状钟形，萼片早落，鳞片状，花瓣5～6。蒴果椭圆状球形。

生于海拔800～3200 m的针叶林或针阔叶混交林。

美丽马醉木 *Pieris formosa*

常绿灌木或小乔木。枝上有叶痕。叶革质，披针形，边缘具细锯齿。顶生圆锥花序，疏松或紧密，萼片宽披针形，花冠白色。蒴果卵圆形。

生于海拔900～2300 m的灌丛中。

A345 杜鹃花科 Ericaceae
张口杜鹃
Rhododendron augustinii subsp.
chasmanthum

灌木。幼枝无毛。叶椭圆形、长圆形或长圆状披针形。花序顶生，总状；花萼裂片圆形或三角形，花冠淡紫色或白色。蒴果。

生于海拔 1600 ～ 3400 m 的石山灌木林或针阔叶混交林。

锈红杜鹃 *Rhododendron bureavii*

常绿小灌木。分枝多。叶革质，椭圆形、披针形至卵形。花序顶生，伞形总状；花冠管状漏斗形，淡紫白色至玫瑰紫色。蒴果。

生于海拔 3200 ～ 4000 m 的针叶林下或高山灌丛。

弯柱杜鹃
Rhododendron campylogynum

常绿矮小灌木。分枝密集而匍匐常成垫状，少为直立。叶厚革质，倒卵形。伞形花序顶生；花萼大，粉红色至深紫色。蒴果。

生于海拔 2700 m 以上的高山灌丛草甸。

A345 杜鹃花科 Ericaceae

睫毛萼杜鹃 *Rhododendron ciliicalyx*

常绿灌木。单叶互生，长圆状椭圆形至长圆状披针形，革质，全缘。伞形花序；花冠宽漏斗状，淡紫色、淡红或白色。蒴果。

生于海拔 1700 ～ 3200 m 的混交林、石山灌丛。

大白杜鹃 *Rhododendron decorum*

常绿灌木或小乔木。叶厚革质，长圆形至长圆状倒卵形，无毛，边缘反卷。顶生总状伞房花序；花冠宽漏斗状钟形，淡红色或白色。蒴果。

生于海拔 1000 ～ 4000 m 的灌丛中或森林下。

马缨杜鹃（马缨花）
Rhododendron delavayi

常绿灌木或小乔木。单叶轮生，革质，叶下被毛。顶生伞形花序，圆形，花紧密；花冠钟形，深红色，下面被毛。蒴果。

生于海拔 1800 ～ 3200 m 的常绿阔叶林或云南松林。

A345 杜鹃花科 Ericaceae
密枝杜鹃 *Rhododendron fastigiatum*

常绿灌木。分枝稠密，常成垫状或平卧。叶背鳞片无光泽，灰白色或带黄棕色。花序顶生；花冠宽漏斗状，紫蓝色或淡紫红色。蒴果。

生于海拔 3000～4200 m 的岩坡、峭壁、砾石草地、石山灌丛。

粉紫杜鹃 *Rhododendron impeditum*

常绿灌木。多分枝而稠密常成垫状。叶背鳞片有光泽，黄褐色或琥珀色。花序顶生；花冠宽漏斗状，紫色至玫瑰淡紫色，罕白色。

生于海拔 2500～4000 m 的开阔岩坡、高山草地、林下或林缘。

乳黄杜鹃 *Rhododendron lacteum*

常绿灌木或小乔木。小枝疏被灰白色丛卷毛；老枝无毛，叶痕明显。叶集生于小枝顶端。顶生总状伞形花序；花冠宽钟形，乳黄色。

生于海拔 3000～3800 m 的冷杉林下或杜鹃灌丛中。

A345 杜鹃花科 Ericaceae

腋花杜鹃 *Rhododendron racemosum*

小灌木，分枝多。叶片多数散生，揉之有香气。花序腋生枝顶或枝上部叶腋；花冠小，宽漏斗状，粉红色或淡紫红色。蒴果长圆形。

生于海拔 1500～3500 m 的松林中、灌丛草地或冷杉林缘。

大王杜鹃 *Rhododendron rex*

常绿小乔木。叶革质，上面无毛，下面有淡灰色至淡黄褐色毛被。总状伞形花序；花萼小；花冠管状钟形，粉红色或蔷薇色。蒴果。

生于海拔 2300～3300 m 的山坡林中。

优美杜鹃
Rhododendron sikangense var. *exquisitum*

小乔木或灌木。叶革质，两面无毛。总状伞形花序；花萼小，外面被毛；花冠钟状，白色，里面基部具紫红色斑。

生于海拔 3360～3800 m 的灌丛或混交林中。

A345 杜鹃花科 Ericaceae

杜鹃 *Rhododendron simsii*

灌木。叶革质，常集生枝端。花簇生于枝顶；花萼5深裂；花冠阔漏斗形，鲜红色，具深色斑点；雄蕊10；子房10室。蒴果。

生于海拔 1200 ～ 2500 m 的山地疏灌丛或松林下。

乌蒙宽叶杜鹃

Rhododendron sphaeroblastum var. *wumengense*

常绿灌木。叶厚革质，卵形、长圆状卵形或卵状椭圆形。顶生总状伞形花序；花萼小；花冠漏斗状钟形，白色至粉红色；子房无毛。蒴果。

生于海拔 3650 ～ 4000 m 的针阔叶混交林或杜鹃灌丛中。

爆杖花 *Rhododendron spinuliferum*

小灌木。单叶散生，被短柔毛。伞形花序腋生枝顶成假顶生；花萼浅杯状，无裂片；花冠筒状，朱红色5裂。蒴果长圆形。

生于海拔 1900 ～ 2500 m 的松林、油杉林或山谷灌木林。

A345 杜鹃花科 Ericaceae
紫斑杜鹃
Rhododendron strigillosum var.
monosematum

常绿灌木，稀小乔木。叶革质，叶下面除中脉外其余无毛。顶生短总状伞形花序；花萼小，淡红色；花冠钟形，红色或白色。蒴果。

生于海拔 2050 ~ 3800 m 的灌丛中。

云南杜鹃 *Rhododendron yunnanense*

灌木。单叶互生，叶背疏生鳞片。伞形或短总状花序；花萼环状；花冠宽漏斗状，白色、淡红色，内有红色或黄色斑点。蒴果长圆形。

生于海拔 2200 ~ 3600 m 的山坡杂木林、灌丛、松林。

苍山越桔 *Vaccinium delavayi*

常绿小灌木。叶革质，倒卵形或长圆状倒卵形，顶端圆形，微凹，基部楔形。总状花序顶生；花冠白色或淡红色，坛状。浆果球形。

生于海拔 2400 ~ 3200 m 的高山灌丛中。

A345 杜鹃花科 Ericaceae
云南越桔 *Vaccinium duclouxii*

灌木。单叶互生，叶片革质，卵状披针形或长圆状披针形。总状花序；花萼齿缘有时具腺流苏；花冠坛形，白色或淡红色。浆果紫黑色。

生于海拔 1600 ～ 3100 m 的山坡灌丛或山地常绿阔叶林下。

樟叶越桔 *Vaccinium dunalianum*

灌木。单叶互生，叶革质，顶端具尾尖。总状花序，苞片早落；花冠宽钟状，淡红色；雄蕊鲜黄色，花丝扁平。浆果被白粉。

生于海拔 2000 ～ 3100 m 的山坡灌丛、阔叶林下或石灰山灌丛。

A348 茶茱萸科 Icacinaceae
毛假柴龙树 *Nothapodytes tomentosa*

小乔木或灌木。叶互生，叶背多少被毛。聚伞花序顶生或近顶生，总梗显著；花两性；花黄色，花瓣条形。核果椭圆形。

生于海拔 2000 ～ 2500 m 的山坡、溪旁、路旁灌丛中。

A352 茜草科 Rubiaceae

楔叶葎 *Galium asperifolium*

攀援草本。茎四棱形，节膨大，被毛。叶 4 ～ 8 轮生。聚伞花序；花 4 数，花冠粉红色，辐射状。小坚果单生或双生。

生于海拔 1250 ～ 3000 m 的山坡、沟边、田边、草地、林中。

六叶葎
Galium asperuloides subsp. *hoffmeisteri*

一年生草本。茎直立，具疏短毛或无毛。叶片薄，茎中部以上的常 6 叶轮生。聚伞花序顶生或生于上部叶腋；花冠白色或黄绿色。

生于海拔 920 ～ 3800 m 的山坡、沟边、河滩、草地。

长节耳草 *Hedyotis uncinella*

草本。茎近四棱形，节间长。单叶对生；托叶三角形，基部合生。头状花序无总花梗；花 4 数，花冠白色或紫色。蒴果。

生于海拔 840 ～ 2100 m 的干旱旷地上。

A352 茜草科 Rubiaceae

须弥茜树 *Himalrandia lichiangensis*

灌木。叶常簇生于侧生短枝上；托叶卵形。花单生，花萼疏被柔毛，花冠黄色或黄白色，柱头纺锤形。浆果球形。

生于海拔 1400～2400 m 的山坡、山谷沟边。

狭叶野丁香

Leptodermis potaninii var. *angustifolia*

灌木。枝浅灰色。叶狭披针形，干时褐色，两面无毛。聚伞花序顶生，无梗；花冠漏斗形，花管的外面多少被柔毛或近无毛。蒴果。

生于海拔 1600～2400 m 的山坡灌丛中。

绒毛野丁香

Leptodermis potaninii var. *tamentosa*

灌木，全株被绒毛或长硬毛。叶卵形、长圆形或椭圆形。聚伞花序顶生，无总花梗，3 花，稀 1 或 2 花；花冠白色，漏斗状，冠檐伸展。

生于海拔 1300～2300 m 的山谷、山坡、旷地的林中、林缘及灌丛或草地。

A352 茜草科 Rubiaceae

石丁香 *Neohymenopogon parasiticus*

附生灌木。单叶对生,全缘;托叶宿存。伞房状聚伞花序顶生;花萼被柔毛,结果时萼片反折;花冠白色,高脚碟状。蒴果。

生于海拔 1250 ~ 2700 m 的山谷林中或灌丛中。

云南鸡矢藤 *Paederia yunnanensis*

藤本。枝被绒毛。单叶对生,卵状心形,两面被毛;托叶膜质,被柔毛。圆锥花序;萼管被粗毛;花冠管状,5 浅裂。小坚果。

生于海拔 800 ~ 3000 m 的山谷林缘、疏林或灌丛中。

钩毛茜草 *Rubia oncotricha*

藤状草本,全株密生钩状刺毛。枝有棱角,节疏离。叶 4 轮生,卵状披针形。聚伞花序,顶生或腋生;花黄绿色,有短梗。核果浆果状。

生于海拔 800 ~ 2200 m 的林缘、疏林或山坡草地上。

A352 茜草科 Rubiaceae
丁茜 *Trailliaedoxa gracilis*

　　直立亚灌木。单叶对生，革质全缘；托叶三叉分裂。花序近球形；花冠红白色或浅黄色。果密被钩毛，顶部宿存萼檐裂片。

　　生于海拔 1400 ～ 1800 m 的干暖河谷岩石隙和山地灌丛中。

A353 龙胆科 Gentianaceae
蓝钟喉毛花
Comastoma cyananthiflorum

　　多年生草本。茎近四棱形。基生叶发达，茎中部叶具短柄。花萼绿色；花冠蓝色，高脚杯状。蒴果披针形。种子多数。

　　生于海拔 3000 ～ 4200 m 的高山草甸、灌丛、林下或山坡草地。

头花龙胆 *Gentiana cephalantha*

　　多年生草本。须根略肉质。主茎粗壮，分枝多。叶先端渐尖或钝。花多数，簇生枝端呈头状；花萼倒锥形；花冠蓝色或蓝紫色。蒴果。

　　生于海拔 1800 ～ 3300 m 的山坡草地、路旁、灌丛、林缘或林下。

A353 龙胆科 Gentianaceae

微籽龙胆 *Gentiana delavayi*

草本，全株密被紫红色乳突。单叶对生。花簇生枝顶呈头状；花萼筒膜质；花冠蓝色，具黑紫色宽条纹，褶整齐。蒴果内藏。

生于海拔 1400 ～ 3100 m 的山坡草地、路旁及灌丛中。

四数龙胆 *Gentiana lineolata*

一年生草本。茎黄绿色。基生叶在花期枯萎，茎生叶疏离。花多数，单生于小枝顶端；花萼筒形；花冠紫红色或紫色，具条纹。

生于海拔 1800 ～ 2800 m 的林下、林缘及草坝。

流苏龙胆 *Gentiana panthaica*

一年生草本。茎黄绿色，光滑。叶半抱茎。花多数，单生于小枝顶端；花萼钟形；花冠淡蓝色，下部片状，中部具 15 ～ 20 条不整齐丝状流苏。

生于海拔 1600 ～ 4000 m 的山坡草地、灌丛、路旁。

A353 龙胆科 Gentianaceae

叶柄龙胆 *Gentiana phyllopoda*

多年生草本。叶大部分基生。花多数，顶生和生上部叶腋中，聚成头状或轮伞状，无花梗；花萼筒状漏斗形；花冠黄色，具蓝色斑点。

生于海拔 3500 ～ 4100 m 的高山草甸。

草甸龙胆 *Gentiana praticola*

多年生草本。茎直立，紫色，密被乳突。基生叶缺无或发达。花多数，近无梗；花萼钟形；花冠蓝色，外有深色宽条纹。蒴果。

生于海拔 1200 ～ 3200 m 的山坡草地、山谷、荒山坡及林下。

翼萼龙胆 *Gentiana pterocalyx*

一年生草本。茎暗紫色或黄绿色，具 4 明显的翅。基生叶匙形，茎生叶无柄。花单生茎顶，无梗；花萼钟形；花冠蓝色或蓝紫色。

生于海拔 1650 ～ 3500 m 的山坡草地。

A353 龙胆科 Gentianaceae
三叶龙胆 *Gentiana ternifolia*

多年生草本。花枝多数丛生，有乳突。莲座丛叶缺或极不发达。花单生枝顶，无花梗；花萼筒倒锥形；花冠蓝色或蓝紫色。

生于海拔 3000～4100 m 的草地。

云南龙胆 *Gentiana yunnanensis*

草本。单叶对生，叶片倒卵形。花 1～3 着生小枝顶端或叶腋；花萼裂片不整齐；花冠黄绿色或淡蓝色，具蓝灰色斑点。蒴果。

生于海拔 2300～4000 m 的山地、路旁、草甸、灌丛及林下。

大花扁蕾 *Gentianopsis grandis*

一年或二年生草本。茎单生，粗壮，具明显的条棱。茎基部叶密集，具短柄。花单生茎或分枝顶端，花萼漏斗形，花冠漏斗形。

生于海拔 2000～4000 m 的水沟边、山谷、山坡草地。

A353 龙胆科 Gentianaceae

湿生扁蕾 *Gentianopsis paludosa*

草本。单叶对生,茎生叶椭圆状披针形。花单生枝顶,花蕾椭圆形稍扁压,花萼长为花冠一半,花冠裂片两侧边缘齿状。蒴果。

生于海拔 1600 ～ 3800 m 的山坡草地、林下。

椭圆叶花锚 *Halenia elliptica*

草本。单叶对生,基生叶椭圆形,茎生叶卵状披针形。聚伞花序;花冠蓝紫色,裂片基部有窝孔并延伸成长距。蒴果宽卵形。

生于海拔 1000 ～ 3800 m 的林下及林缘、草地、灌丛。

云南肋柱花 *Lomatogonium forrestii*

一年生草本。茎从基部起多分枝,四棱形。茎生叶狭椭圆形,无柄,顶端急尖。花五数;花萼深裂,裂片线状披针形;花冠辐状,腺窝管形,顶端具裂片状流苏。蒴果矩圆形。

生于海拔 1800 ～ 2600 m 的草地和灌草丛。

A353 龙胆科 Gentianaceae

红花狭蕊龙胆 *Metagentiana rhodantha*

草本。根略肉质。单叶对生，基生叶莲座状。花单生茎顶；花冠淡红色，有紫色纵纹，褶先端具长流苏；雄蕊不整齐。蒴果。

生于海拔 1500 ～ 2600 m 的高山灌丛、草地及林下。

叶萼獐牙菜 *Swertia calycina*

多年生草本。基生叶具长柄。简单或复聚伞花序常具 5 至多花；花萼绿色，花冠淡黄色，基部具 2 囊状腺窝，边缘具柔毛状流苏。蒴果。

生于海拔 3600 ～ 4000 m 的草甸和杜鹃灌丛。

西南獐牙菜 *Swertia cincta*

一年生草本。单叶对生，披针形至椭圆状披针形。圆锥状复聚伞花序；花黄绿色，基部环绕着一圈紫晕。蒴果卵状披针形。

生于海拔 1400 ～ 3750 m 的潮湿山坡、灌丛中、林下。

A353 龙胆科 Gentianaceae

观赏獐牙菜 *Swertia decora*

　　一年生草本。茎直立，下部带紫色。基生叶和茎下部叶具短柄。花5数，单生枝顶，花萼绿色，花冠紫蓝色、玫瑰色，柱头头状。

　　生于海拔 1800 ～ 2900 m 的草坡上。

显脉獐牙菜 *Swertia nervosa*

　　草本。单叶对生，叶脉在叶背明显。圆锥状复聚伞花序；花萼长于花冠；花冠裂片基部有1腺窝，中部具紫红色网脉。蒴果。

　　生于海拔 1000 ～ 2700 m 的河滩、山坡、疏林下、灌丛。

紫红獐牙菜 *Swertia punicea*

　　草本。单叶对生。圆锥状复聚伞花序；花萼长为花冠的 1/2 ～ 2/3；花冠暗紫红色，裂片披针形，基部具2沟状腺窝。蒴果。

　　生于海拔 2100 ～ 2900 m 的山坡草地、河滩、林下、灌丛。

A356 夹竹桃科 Apocynaceae

牛角瓜 *Calotropis gigantea*

灌木，被毛，具乳汁。叶对生，被灰白色绒毛。聚伞花序；花冠紫蓝色至乳白色，裂片 5，基部有外卷的距。蓇葖果。

生于海拔 750～1900 m 的向阳山坡灌丛中及旷野地。

短序吊灯花 *Ceropegia christenseniana*

藤本，具疏柔毛。叶卵圆形，被浓柔毛，叶缘常呈波状。花序梗极短；花冠中部以上紫罗兰色，下部黄色。蓇葖果披针形。

生于海拔 1500～1900 m 的山地林中。

剑叶吊灯花 *Ceropegia dolichophylla*

多年生草本。茎缠绕。单叶对生，膜质，线状披针形，顶端渐尖。花单生或集生；花冠褐红色，副花冠 2 轮。蓇葖果狭披针形。

生于海拔 1500～2300 m 的山地密林中。

A356 夹竹桃科 Apocynaceae

白马吊灯花 *Ceropegia monticola*

攀援草本。茎分枝，被白色毛。叶宽卵形。聚伞花序近伞形状；花萼无毛；花冠外面无毛，副花冠外轮10裂，裂片披针形，具缘毛。

生于海拔 2000 m 以下的河旁山坡杂木林中。

古钩藤 *Cryptolepis buchananii*

木质藤本，具乳汁。单叶对生，长圆形或椭圆形，纸质。聚伞花序腋生；花冠黄白色，裂片披针形。蓇葖果双生，长圆形。

生于海拔 1800 m 以下的干热河谷灌丛和草坡。

白薇 *Cynanchum atratum*

多年生草本，全体被绒毛。叶对生或轮生。聚伞花序；花深紫色；花萼内面基部有 5 小腺体；副花冠 5 裂，与合蕊柱等长。蓇葖果单生。

生于海拔 700 ~ 1800 m 的河边、干荒地及草丛。

A356 夹竹桃科 Apocynaceae

青羊参 *Cynanchum otophyllum*

多年生藤本。茎被两列毛。叶对生，基部耳垂状心形，被微毛。聚伞花序腋生；花冠白色，内被毛，副花冠杯状。蓇葖果。

生于海拔 1500 ～ 2800 m 的山地、溪谷疏林中或山坡路旁。

昆明杯冠藤 *Cynanchum wallichii*

多年生草质藤本。叶对生，卵状长圆形，基部耳状心形，被柔毛。聚伞花序，腋生；花冠白色或黄白色，副花冠白色。蓇葖果，无刺。

生于海拔 1000 ～ 2000 m 的山坡、村边、路旁。

喙柱牛奶菜 *Marsdenia oreophila*

攀援灌木。小枝被白色疏柔毛。叶椭圆形。伞形聚伞花序腋生；花冠内面橘红色，外面白色。蓇葖纺锤状。

生于海拔 2300 ～ 2800 m 的沟谷灌丛。

A356 夹竹桃科 Apocynaceae

黑龙骨 *Periploca forrestii*

　　藤状灌木，具乳汁，全株无毛。叶革质，披针形。聚伞花序腋生；花萼无毛，花冠近辐射状。蓇葖双生，长圆柱形。

　　生于海拔 2300 m 以下的山地疏林向阳处。

大理白前 *Vincetoxicum forrestii*

　　多年生草本，被毛。单叶对生。聚伞花序腋生或近顶生；花冠黄色，辐射状，5 裂，副花冠肉质三角状，与合蕊柱等长。蓇葖果。

　　生于海拔 1000 ～ 3500 m 的高原或山地、林缘、路旁。

A357 紫草科 Boraginaceae

长蕊斑种草 *Antiotrema dunnianum*

　　多年生草本。基生叶莲座状，匙形至狭椭圆形。圆锥花序顶生；花冠蓝色或紫红色。小坚果淡褐色至黑褐色，密生疣状突起。

　　生于海拔 1600 ～ 2500 m 的山坡草地。

A357 紫草科 Boraginaceae

倒提壶 *Cynoglossum amabile*

多年生草本。茎密生短柔毛。叶披针形或长圆形。蝎尾状聚伞花序复合成圆锥花序；花冠蓝色。小坚果4，密生锚状刺。

生于海拔 1250 ~ 3500 m 的山坡草地、灌丛、路旁及林缘。

西南琉璃草 *Cynoglossum wallichii*

二年生直立草本。茎单一或数条丛生。叶两面均被稀疏散生的硬毛及伏毛。花序顶生及腋生；花冠蓝色或蓝紫色。小坚果卵形。

生于海拔 3000 ~ 3600 m 的山坡草地、荒野路旁及密林阴湿处。

异型假鹤虱 *Hackelia difformis*

多年生草本。茎中空，疏生短毛。基长叶具长柄，心形。花序生枝端和上部叶腋；花冠蓝紫色，钟状辐形。小坚果异形。

生于海拔 2300 ~ 3800 m 的路边草地、山坡、林下、沟谷河边。

A357 紫草科 Boraginaceae

石生紫草 *Lithospermum hancockianum*

多年生草本。茎单一。叶互生，线形至线状披针形，被糙伏毛；无柄。花序紧密，常有分枝；花冠淡紫红色，高脚碟状。小坚果。

生于海拔 1000 ～ 2000 m 的石灰岩山坡、石缝等处。

乌蒙勿忘草 *Myosotis wumengensis*

一年生草本。茎直立，具硬毛。茎生叶互生，上面被长柔毛。花序顶生，紧密；花萼密被短硬毛，花冠蓝色。小坚果。

生于海拔 2800 ～ 3500 m 的多石山坡及灌丛草地。

昭通滇紫草 *Onosma cingulatum*

一年生草本。茎单一，不分枝。基生叶倒披针形，茎生叶披针形或卵状披针形。花序顶生及腋生；花冠红色，筒状钟形。小坚果。

生于海拔 2000 ～ 2300 m 的多石山坡及灌丛草地。

A357 紫草科 Boraginaceae

禄劝滇紫草 *Onosma luquanense*

二年生草本。茎数条丛生。叶披针形，上面密伏硬毛，下面被伏毛及短柔毛。花序生茎顶及枝顶；花冠筒状钟形。小坚果暗灰色。

生于海拔 1800 ~ 2400 m 的山坡草地。

滇紫草 *Onosma paniculatum*

二年生草本。茎单一，茎上部叶通常抱茎。圆锥状花序生茎顶及腋生小枝顶端；花冠蓝紫色，后变暗红色，筒状钟形，边缘反卷。小坚果。

生于海拔 2000 ~ 3200 m 的干燥山坡及林缘。

扭梗附地菜 *Trigonotis delicatula*

二年生草本，全体被灰白色糙伏毛。茎细弱丛生。茎生叶长圆形至圆状倒卵形。花序全部有苞片；花冠蓝色。小坚果半球状。

生于海拔 3000 ~ 4200 m 的山地疏林、高山草地或岩石缝隙。

A359 旋花科 Convolvulaceae

草坡旋花 *Convolvulus steppicola*

多年生草本。茎直立，多分枝。叶疏生。花腋生，单生；外萼片卵状披针形，内萼片宽卵形；花冠漏斗状。蒴果球形。

生于海拔约 1600 m 的路边、草地及灌丛。

飞蛾藤 *Dinetus racemosus*

多年生攀援灌木。茎缠绕。单叶互生，被疏毛，叶片卵形，先端渐尖或尾状。圆锥花序腋生；花冠漏斗形，白色。蒴果卵形。

生于海拔 1600～2000 m 的山沟、灌木林边或路旁荒坡。

圆叶牵牛 *Ipomoea purpurea*

一年生缠绕草本。叶圆心形，全缘，密被刚伏毛。花腋生，单一或成伞形聚伞花序；花冠漏斗状，粉红色或白色。蒴果。

生于海拔 1000～2800 m 的田边、路边、宅旁或山谷林内。

A359 旋花科 Convolvulaceae
山土瓜 *Merremia hungaiensis*

　　多年生缠绕草本。块根球形。单叶互生，椭圆形。单花或聚伞花序生于叶腋；花冠黄色。蒴果 4 瓣裂。种子密被黑褐色绒毛。

　　生于海拔 1200 ～ 2500 m 的草坡、山坡灌丛或松林下。

A360 茄科 Solanaceae
灯笼果 *Physalis peruviana*

　　多年生草本。单叶互生，阔卵形或心形，基部对称心形，全缘或有齿，两面被毛。单花腋生，花冠黄色，喉部有紫色斑纹。果萼卵球状。

　　生于海拔 1200 ～ 2100 m 的路旁或河谷。

龙葵 *Solanum nigrum*

　　一年生直立草本。叶卵形。蝎尾状花序腋外生；萼小，浅杯状；花冠白色，筒部隐于萼内。浆果球形，熟时黑色，无白色斑点。

　　生于海拔 800 ～ 2300 m 的田边、荒地及村庄附近。

A360 茄科 Solanaceae
刺天茄 *Solanum violaceum*

　　灌木。叶卵形，边缘波状，中脉及侧脉具钻形皮刺。蝎尾状花序腋外生；花冠辐射状，蓝紫色或白色，5 深裂。浆果。

　　生于海拔 800～2000 m 的林下、路边、荒地或干燥灌丛。

A366 木犀科 Oleaceae
锡金梣 *Fraxinus suaveolens*

　　大乔木。羽状复叶。圆锥花序顶生或侧生枝梢叶腋；花梗纤细，雄花花冠裂片长圆状线形，雌花花冠裂片早落。翅果匙形。

　　生于海拔 2000～2800 m 的河谷边森林中。

矮探春 *Jasminum humile*

　　灌木。小枝具棱。叶互生，复叶；小叶 3～9，纸质。聚伞花序有花 2～6；花冠黄色，近漏斗状。浆果双生或单生。

　　生于海拔 1500～3000 m 的灌木丛或山涧林中。

A366 木犀科 Oleaceae
长叶女贞 *Ligustrum compactum*

灌木或小乔木。幼枝具皮孔。叶对生，椭圆状披针形。圆锥花序顶生或腋生；花冠白色，裂片 4，雄蕊 2，伸出。核果。

生于海拔 1600 ～ 2900 m 的山谷疏、密林中或灌丛中。

裂果女贞 *Ligustrum sempervirens*

常绿灌木。小枝具皮孔。叶对生，椭圆形。圆锥花序顶生；小苞片卵形，具睫毛；花冠白色，4 裂。核果熟时开裂。

生于海拔 1900 ～ 2700 m 的山坡、河边灌丛中。

A369 苦苣苔科 Gesneriaceae
石花 *Corallodiscus lanuginosus*

多年生草本。叶基生，莲座状，叶片革质，宽倒卵形、扇形。聚伞花序分枝；花萼钟状，5 裂；花冠紫蓝色。蒴果长圆形。

生于海拔 1600 ～ 3600 m 的山坡林缘岩石上及石缝中。

A369 苦苣苔科 Gesneriaceae
腺毛长蒴苣苔
Didymocarpus glandulosus

多年生草本。茎被贴伏短柔毛，不分枝。叶对生，草质。聚伞花序生茎顶叶腋；花萼无毛；花冠钟状，紫红色。蒴果线形。

生于海拔 1000 ～ 2200 m 的山谷溪边林中。

康定汉克苣苔 *Henckelia tibetica*

多年生草本不分枝。叶对生，薄纸质，椭圆形、狭卵形或卵形。聚伞花序生茎顶叶腋；苞片对生；花冠白色，筒漏斗形。蒴果。

生于海拔 1400 ～ 2400 m 的山地林中、陡崖或石上。

粗筒斜柱苣苔 *Loxostigma kurzii*

多年生草本。叶对生，集聚茎顶端，多为 4，有齿，被毛。聚伞花序；花冠粗筒状，下方肿胀，黄色，稀白色。蒴果。

生于海拔 1800 ～ 3500 m 的山地草坡、石上或附生树上。

A369 苦苣苔科 Gesneriaceae
川滇马铃苣苔 *Oreocharis henryana*

多年生草本。叶全部基生；具长柄。聚伞花序 2 次分枝；花萼 5 裂至近基部；花冠钟状，深紫色。蒴果倒披针形。

生于海拔 800 ～ 2600 m 的山地潮湿岩石上。

东川粗筒苣苔
Oreocharis tongtchouanensis

多年生草本。叶边缘具粗锯齿，被柔毛。聚伞花序 2 次分枝；花冠粗筒状，下方肿胀，紫色，无斑点。蒴果。

生于海拔 2700 ～ 3000 m 的岩壁阴湿处。

厚叶蛛毛苣苔 *Paraboea crassifolia*

多年生草本。叶基生，顶端圆形或钝，上面被灰白色绵毛，下面被淡褐色蛛丝状绵毛；近无柄。聚伞花序；花冠紫色，二唇形。蒴果。

生于海拔约 1600 m 的山地石崖上。

A369 苦苣苔科 Gesneriaceae
锈色蛛毛苣苔 *Paraboea rufescens*

多年生草本。叶对生，上面被短糙伏毛，下面和叶柄被锈色毡毛；具叶柄。聚伞花序；花冠紫色，花丝上部膨大，二唇形。蒴果。

生于海拔 1000 ～ 1700 m 的山坡石山岩石隙间。

大理石蝴蝶 *Petrocosmea forrestii*

多年生草本。叶菱状椭圆形，被绢状柔毛。花萼钟状；花冠蓝紫色或蓝白色，二唇形；花丝无毛；花柱下部被短毛。蒴果。

生于海拔 1500 ～ 2000 m 的崖壁阴湿处。

东川石蝴蝶 *Petrocosmea mairei*

多年生小草本。叶基生，莲座状，纸质，卵形至椭圆形，基部圆或浅心形。花单生，花序多条；花萼 5 裂至基部，花冠蓝色，喉部无斑，二唇形，上唇短，下唇长。蒴果被短毛。

生于海拔 2000 ～ 2800 m 的阴湿石壁上。

A369 苦苣苔科 Gesneriaceae
长冠苣苔
Rhabdothamnopsis chinensis

灌状草本。单叶对生，狭椭圆形至倒卵形，边缘有齿，被毛。花单生于叶腋，花冠钟状筒形，花盘环状。蒴果长圆形。

生于海拔 1600 ～ 2200 m 的山地林中。

A370 车前科 Plantaginaceae
鞭打绣球 *Hemiphragma heterophyllum*

铺散匍匐多年生草本。叶二型，心形至圆形的叶对生，针叶簇生。花冠白色或红色，雄蕊 4。蒴果卵球形，红色。

生于海拔 2700 ～ 4000 m 的高山草地或石缝中。

疏花婆婆纳 *Veronica laxa*

多年生草本，全株被毛。单叶对生，卵形或卵状三角形，边缘具锯齿。总状花序；花冠紫色或蓝色。蒴果侧扁，倒心形。

生于海拔 1500 ～ 2500 m 的沟谷阴处或山坡林下。

A370 车前科 Plantaginaceae
多毛婆婆纳 *Veronica umbelliformis*

　　草本，全株被毛较密。茎常多分枝，分枝倾卧或上升。叶片较小，两面被毛。总状花序有数花；花冠白色，少淡紫色。蒴果。

　　生于海拔 2800 ～ 4200 m 的高山草地及林下。

A371 玄参科 Scrophulariaceae
白背枫 *Buddleja asiatica*

　　灌木或小乔木。叶对生，披针形。花序总状，顶生或腋生，被绒毛；花白色，雄蕊着生于花冠管喉部，柱头 2 裂。蒴果。

　　生于海拔 1500 ～ 2600 m 的向阳山坡灌木丛中或疏林缘。

大叶醉鱼草 *Buddleja davidii*

　　灌木。叶对生，膜质至薄纸质。总状或圆锥状聚伞花序顶生；花萼钟状，花冠淡紫色，后变黄白色至白色，喉部橙黄色。蒴果。

　　生于海拔 1800 ～ 3000 m 的山坡、沟边灌木丛中。

A371 玄参科 Scrophulariaceae

密蒙花 *Buddleja officinalis*

灌木。小枝、叶背、叶柄和花序均密被绒毛。叶对生，纸质，长圆形、长圆状披针形。聚伞圆锥花序顶生，花4数；花冠白色，喉部橘黄色。蒴果2瓣裂。

生于海拔 1600 ～ 2800 m 的向阳山坡、河边、灌木丛或林缘。

大花玄参 *Scrophularia delavayi*

多年生草本。叶片卵形至卵状菱形。花序近头状或多少伸长为穗状；花萼歪斜，花冠黄色。蒴果狭尖卵形。

生于海拔 2800 ～ 3900 m 的山坡草地、灌丛和岩缝。

高玄参 *Scrophularia elatior*

多年生草本。茎四棱形。单叶对生，卵形至披针形。聚伞圆锥花序顶生；花冠绿色，花萼裂片卵形。蒴果球状卵形。

生于海拔 2000 ～ 3000 m 的林下和湿润草地。

A371 玄参科 Scrophulariaceae

毛蕊花 *Verbascum thapsus*

　　二年生草本。全株被密而厚的浅灰黄色星状毛。基生叶呈莲座状，单叶互生，倒披针状矩圆形。穗状花序圆柱状；花冠黄色，花萼5裂。蒴果卵形。

　　生于海拔1400～3200 m的山坡草地、河岸草地。

A377 爵床科 Acanthaceae

假杜鹃 *Barleria cristata*

　　亚灌木。单叶对生，椭圆形至卵形，被长柔毛，全缘。花大，花冠蓝紫色或白色，花冠管圆筒状，冠檐5裂。蒴果长圆形。

　　生于海拔700～1100 m的山坡、路旁或疏林。

滇鳔冠花 *Cystacanthus yunnanensis*

　　灌木。幼枝上被黄褐色长柔毛。叶卵形或卵状披针形，纸质，全缘。花冠淡白色或天蓝色，冠管基部极短，一面肿胀，弯曲。蒴果。

　　生于海拔1000～2100 m的山坡、林缘。

A377 爵床科 Acanthaceae
地皮消 *Pararuellia delavayana*

多年生草本。茎缩短。叶对生，呈莲座状，长圆形或长椭圆形。头状花序；花萼 5 裂；花冠白，淡蓝或粉红色。蒴果。

生于海拔 1800 m 以下的山地草坡、疏林。

匍匐鼠尾黄 *Rungia stolonifera*

直立草本。叶片卵形，几全缘。穗状花序顶生和腋生；花冠白色或蓝白色，二唇形，上唇三角形，直立，全缘，下唇三裂。蒴果

生于海拔 1000 ～ 2600 m 的山坡草地。

南一笼鸡 *Strobilanthes henryi*

多年生草本或半灌木。单叶对生，卵形至披针形，边缘具圆锯齿。假穗状花序顶生或腋生；花冠管筒状，淡紫色或白色。蒴果。

生于海拔 1000 ～ 2200 m 的山坡。

A377 爵床科 Acanthaceae
蒙自马蓝 *Strobilanthes lamiifolia*

草本。叶椭圆形、卵形或倒卵形。穗状花序顶生或腋生；花冠蓝紫色，冠管圆柱形，外面被柔毛。蒴果纺锤形，淡棕色。

生于海拔 1500 ~ 2400 m 的草山或林下。

碗花草 *Thunbergia fragrans*

多年生攀援草本。单叶对生，卵形至披针形，掌状脉，5 出。花单生叶腋，花白色，冠檐裂片倒卵形，先端平截，或多或少成"山"字形。蒴果球形。

生于海拔 1100 ~ 2300 m 的山坡灌丛。

A378 紫葳科 Bignoniaceae
两头毛 *Incarvillea arguta*

多年生具茎草本。叶互生，一回羽状复叶；小叶 5 ~ 11，边缘具锯齿。总状花序顶生；花冠淡紫红色，钟状长漏斗形；花药成对连着，"丁"字形着生。蒴果线状。

生于海拔 1400 ~ 2700（~ 3400）m 的干热河谷、山坡灌丛。

A378 紫葳科 Bignoniaceae
鸡肉参 *Incarvillea mairei*

多年生草本。无茎。叶基生，一回羽状复叶；侧生小叶卵形，顶生小叶阔卵圆形。花冠紫红色或粉红色，裂片圆形。蒴果圆锥形。

生于海拔 2400 ~ 3600 m 的高山石砾堆、山坡路旁向阳处。

A383 唇形科 Labiatae
弯花筋骨草 *Ajuga campylantha*

草本。四棱形，密被淡棕色蜷曲柔毛及糙伏毛。叶纸质，长椭圆形至长圆状卵形，边缘具浅波状锯齿或圆齿。花冠白色，具紫色条纹，冠檐二唇形。小坚果。

生于海拔 2800 ~ 3500 m 的高山灌丛、松林及草地。

痢止蒿 *Ajuga forrestii*

草本。茎具分枝，密被灰白色短柔毛或长柔毛。叶纸质，披针形至卵形或披针状长圆形。穗状聚伞花序顶生，苞叶叶状；花冠淡紫色，冠檐二唇形。小坚果。

生于海拔 1700 ~ 3200 m 的潮湿草地、矮草丛。

A383 唇形科 Labiatae

紫背金盘 *Ajuga nipponensis*

草本。叶纸质，阔椭圆形或卵状椭圆形，具缘毛。花冠淡蓝色，稀为白色或白绿色，冠檐二唇形，上唇短，2 裂，下唇伸长，3 裂。小坚果。

生于海拔 1400～2300 m 的草地、林中、向阳坡地。

喜荫筋骨草 *Ajuga sciaphila*

草本。叶卵形或卵状椭圆形，被糙伏毛。花冠紫蓝色，有紫色条纹，冠檐二唇形，上唇极短，下唇 3 裂，中裂片三角状倒心形，顶端中部深凹。

生于海拔 2500～3700 m 的松林或针阔叶混交林下，草坡或阴湿溪边。

广防风 *Anisomeles indica*

草本。茎四棱，被短柔毛。叶阔卵圆形，草质，边缘具齿。长穗状轮伞花序；花冠淡紫色，内具柔毛毛环，中裂片内面具髯毛。小坚果。

生于海拔 1800 m 以下的林缘、路旁。

A383 唇形科 Labiatae
滇常山 *Clerodendrum yunnanense*

灌木，植株有臭味。叶纸质，宽
卵形、卵形或心形。伞房状聚伞花序
顶生，密集；花冠白色或粉红，花萼
红色，果期增大。核果蓝黑色。

生于海拔 2000 ～ 3000 m 的山坡
疏林、山谷沟边灌丛。

寸金草 *Clinopodium megalanthum*

草本。茎四棱形，紫红色，被刚
毛。叶三角状卵圆形。轮伞花序顶生；
花粉红色，微被柔毛，冠筒伸出花
萼，花盘平顶。小坚果。

生于海拔 1300 ～ 3200 m 的山坡、
草地、路旁、灌丛、林下。

匍匐风轮菜 *Clinopodium repens*

草本。茎匍匐生根。叶卵圆形，
边缘具齿，两面疏被短硬毛。轮伞花
序近球形；花冠粉红色，略超出花
萼，外面被微柔毛。小坚果近球形。

生于海拔 3300 m 以下的山坡、
草地、林下、路边、沟边。

A383 唇形科 Labiatae
藤状火把花
Colquhounia seguinii

灌木。茎近圆柱形，直立攀援。叶草质，卵状长圆形。轮伞花序，花冠红、紫、暗橙至黄色，冠筒长不及上唇2倍。小坚果。

生于海拔1600～2700 m的灌丛。

皱叶毛建草 *Dracocephalum bullatum*

草本。茎红紫色。茎上部叶卵形或卵圆形。轮伞花序密集；花冠蓝紫色，外被柔毛，冠檐二唇形，下唇有细的深色斑纹。

生于海拔3000～4000 m的石灰质流石滩。

野苏子 *Elsholtzia flava*

灌木。茎四棱形，具浅槽及细条纹，被短柔毛。叶阔卵形，具齿。穗状花序顶生或腋生；花冠黄色，外面被白色柔毛及腺点。小坚果。

生于海拔1050～2900 m的路边、沟谷旁、灌丛中或林缘。

A383 唇形科 Labiatae

鸡骨柴 *Elsholtzia fruticosa*

灌木，多分枝。叶披针形，被糙伏毛、短柔毛及黄色腺点。穗状花序顶生；花冠白或淡黄色，内面具毛环。小坚果褐色。

生于海拔 1600 ～ 3000 m 的沟边、箐底潮湿地、路边或开旷的山坡草地。

野拔子 *Elsholtzia rugulosa*

草本。茎被微柔毛。叶纸质卵形，被粗硬毛。穗状花序顶生；花白色，被柔毛，喉部内具毛环。小坚果长圆形。

生于海拔 1300 ～ 2800 m 的山坡草地、旷地、林中或灌丛。

川滇香薷 *Elsholtzia souliei*

草本。叶披针形。穗状花序顶生，由具多花的轮伞花序组成；花冠紫色；雄蕊 4，前对较长，均伸出。小坚果长圆形。

生于海拔 2000 ～ 3300 m 的山坡、草丛。

A383 唇形科 Labiatae

球穗香薷 *Elsholtzia strobilifera*

草本。茎近圆柱形，具细条纹，被疏柔毛。叶草质，卵形，具细锯齿。穗状花序顶生；花淡红色，雄蕊不外露。小坚果极小。

生于海拔 2500～3600 m 的林中、山坡或石山。

活血丹 *Glechoma longituba*

草本。叶草质，心状卵形，边缘具粗齿，齿深而尖。轮伞花序通常 2 花；花萼管状，外面被长柔毛；花冠蓝紫色，下唇具深色斑点。

生于海拔 1600～2400 m 的林缘、疏林、草地、溪边。

大花活血丹 *Glechoma sinograndis*

草本。叶肾形或心状肾形，边缘具圆齿，齿浅而圆。轮伞花序在茎中部叶腋内，常仅有 2 花；花冠淡蓝色，外面被疏柔毛。

生于海拔 2000～2900 m 的沟边杂木林。

A383 唇形科 Labiatae

小叶石梓 *Gmelina delavayana*

亚灌木。叶对生，广卵形或卵状菱形。聚伞花序组成圆锥花序；花萼钟状，有 5 齿，裂齿卵状三角形；花大，深紫色，冠二唇形，上唇短，下唇 3 裂。

生于海拔 1500 ～ 2000 m 的石灰岩灌木林或荒坡。

腺花香茶菜 *Isodon adenanthus*

半木质草本。茎斜向上升，被微柔毛。茎叶对生，具短柄。聚伞花序；花冠蓝、紫、淡红至白色，外密被微柔毛及淡黄色腺点。

生于海拔 1150 ～ 3400 m 的松林、松栎林、竹林、林缘草地。

苍山香茶菜 *Isodon bulleyanus*

灌木状草本。茎四棱形。茎叶对生，倒卵状披针形，边缘具齿。复合圆锥花序；花萼阔钟形，萼齿 5，三角状披针形；花冠紫色，二唇形。

生于海拔 2600 ～ 3200 m 的山坡林内或灌丛。

A383 唇形科 Labiatae

灰岩香茶菜 *Isodon calcicolus*

草本。茎钝四棱形，被绒毛。叶椭圆状披针形。圆锥花序顶生；花二唇形，淡紫色，上唇外反，下唇长，内凹。小坚果。

生于海拔 1600 ～ 2600 m 的草坡、林缘草地、石灰岩山。

毛萼香茶菜 *Isodon eriocalyx*

草本。茎四棱形，被微柔毛。叶纸质，对生，卵状披针形。穗状圆锥花序顶生或腋生；花冠淡紫，冠筒基部具浅囊状突起。

生于海拔 750 ～ 2600 m 的山坡阳处、灌丛。

线纹香茶菜 *Isodon lophanthoides*

草本。茎四棱，被柔毛。叶草质，边缘具齿，被微硬毛。圆锥花序顶生及侧生；花冠白色，具紫色斑点；雄蕊及花柱伸出。

生于海拔 1000 ～ 2700 m 的草地、灌丛和林下。

A383 唇形科 Labiatae

类皱叶香茶菜 *Isodon rugosiformis*

半灌木。叶菱形或三角状卵圆形，边缘具圆齿，下面密被灰白色短绒毛。假穗状花序；花萼钟形，萼齿 5，卵状三角形；花冠紫色或淡紫蓝色。

生于海拔 1300 ～ 2500 m 的山坡灌丛、岩缝、沟谷。

黄花香茶菜 *Isodon sculponeatus*

草本。根木质。茎叶对生，草质，具齿；具长柄。聚伞花序顶生或腋生；花冠黄色，具紫斑。小坚果卵状三棱形，果萼下部囊状增大。

生于海拔 1900 ～ 2400 m 的山坡灌丛或疏林下。

白绒草 *Leucas mollissima*

草本。叶卵圆形，边缘具齿。轮伞花序腋生，球状；花萼管状；花冠白色，冠檐二唇形，上唇外密被白色长柔毛，下唇三裂，中裂片倒心形。

生于海拔 750 ～ 2000 m 的灌丛、路旁、草地、溪边。

A383 唇形科 Labiatae

华西龙头草 *Meehania fargesii*

草本。茎细弱。叶心形至三角状心形。轮伞花序具 2 花；花冠淡红或紫红色，上唇裂片圆形，下唇中裂片近圆形，边缘波状。

生于海拔 1900 ～ 3500 m 的针阔叶混交林、针叶林。

云南冠唇花 *Microtoena delavayi*

多年生草本。茎四棱形，具极浅的槽，被短柔毛。叶心形至心状卵圆形。二歧聚伞花序多花，腋生；花冠黄色，上唇盔状，粉红或紫红色。

生于海拔 2200 ～ 2600 m 的林内、灌丛中或林缘。

圆齿荆芥 *Nepeta wilsonii*

草本。叶长圆状卵形，边缘具圆齿。轮伞花序生于茎顶；花冠紫色或蓝色，冠檐二唇形，上唇深裂至中部以下成 2 钝裂片，下唇中裂片倒心形。

生于海拔 3000 m 以上的山地草坡。

A383 唇形科 Labiatae

牛至 *Origanum vulgare*

草本。茎被短柔毛。叶卵形或长圆状卵形。穗状花序长圆柱形；花冠紫红或白色，花冠筒伸出花萼，被短柔毛。小坚果。

生于海拔 500 ~ 3600 m 的路旁、山坡、林下及草地。

东川鼠尾草 *Salvia mairei*

草本。茎四棱形。茎生叶心状卵圆形，边缘具圆齿，具细皱。轮伞花序组成总状花序；花冠青紫或紫色，外被疏柔毛，冠檐二唇形，上唇倒心形。

生于海拔 3500 m 以上的山坡草地。

长冠鼠尾草 *Salvia plectranthoides*

草本。茎被开展疏柔毛。奇数羽状复叶或二回羽状复叶，小叶卵形。轮伞花序组成总状圆锥花序；花冠淡紫色，外面被短疏柔毛，冠檐二唇形。

生于海拔 800 ~ 2500 m 的山坡、山谷、疏林下、溪边。

A383 唇形科 Labiatae

甘西鼠尾草 *Salvia przewalskii*

草本。叶椭圆状戟形，边缘具圆齿状齿。轮伞花序组成总状花序；花萼钟形，被具腺长柔毛；花冠紫红色，外被疏柔毛。

生于海拔 2100～4050 m 的林缘、路旁、沟边、灌丛。

云南鼠尾草 *Salvia yunnanensis*

多年生草本。茎钝四棱形。叶基生或茎生。总状圆锥花序，花序轴与花梗被长柔毛及腺微柔毛；花蓝紫色，冠筒喇叭形。小坚果。

生于海拔 1800～2900 m 的山坡草地、林边、路旁或疏林。

滇黄芩 *Scutellaria amoena*

草本。茎带淡紫色，被柔毛。叶长圆状卵形或长圆形。花冠紫或蓝紫色，被腺微柔毛，冠筒近基部微膝曲囊状。小坚果黑色。

生于海拔 1300～3000 m 的云南松林下草地。

A383 唇形科 Labiatae

异色黄芩 *Scutellaria discolor*

草本。根茎匍匐。茎四棱形，具槽，被微柔毛。花互生或对生，花冠紫色，冠筒基部成膝曲状，冠檐二唇形，上唇盔状。小坚果。

生于海拔 1600 ~ 2300 m 的山地林下、溪边或草坡。

毛茎黄芩 *Scutellaria mairei*

草本。茎下部叶卵圆形，上部叶三角状卵圆形。花对生，排列成总状花序；花萼常带紫色，密被长硬毛；花冠在檐部紫色，在筒部白色，

生于海拔 1800 ~ 2500 m 的石灰岩山地。

西南水苏 *Stachys kouyangensis*

草本。茎细长曲折，棱及节被糙伏毛。叶三角状心形，被糙伏毛。轮伞花序；花紫红色，冠筒近基部浅囊状。小坚果。

生于海拔 900 ~ 2800 m 的山坡草地、旷地、沟边。

A383 唇形科 Labiatae
峨眉香科科 *Teucrium omeiense*

　　多年生草本。叶片卵状披针形，边缘具不规则的锯齿。假穗状花序；花萼钟形，二唇形，上唇 3 齿，下唇 2 齿；花冠白色，唇片与冠筒成直角伸展。

　　生于海拔 1200 ～ 2000 m 的林下。

黄荆 *Vitex negundo*

　　灌木。枝被灰白色绒毛。掌状复叶；小叶长圆状披针形或披针形。聚伞圆锥花序；花冠淡紫色，被绒毛，5 裂。核果。

　　生于海拔 1600 m 以下的溪边、山坡或灌木丛。

A387 列当科 Orobanchaceae
黑蒴 *Alectra arvensis*

　　一年生草本。叶纸质，宽卵形至卵状披针形；无柄或近无柄。总状花序；花萼膜质，被髯毛；花冠黄色。蒴果。

　　生于海拔 700 ～ 2100 m 的山坡草地或疏林。

A387 列当科 Orobanchaceae

总花来江藤 *Brandisia racemosa*

　　藤状灌木。单叶对生，卵圆形至卵状披针形，边缘具尖锐锯齿，无毛。总状花序顶生；花深红色，被褐色长毛。蒴果卵球形。

　　生于海拔 2800 m 以下的灌丛。

野地钟萼草 *Lindenbergia muraria*

　　一年生草本，被疏柔毛。叶片卵形，边缘具细圆锯齿。花单生于叶腋；花萼被密毛，萼筒膜质带白色；花冠黄色。蒴果卵球形，密被毛。

　　生于海拔 1000～1800 m 的多石山坡、草地、灌丛和悬崖上。

钟萼草 *Lindenbergia philippensis*

　　多年生草本或亚灌木，全株被腺毛。茎圆柱形。叶卵形至卵状披针形。总状花序；萼齿尖锐；花冠黄色，下唇有紫斑。蒴果。

　　生于海拔 1200～2600 m 的山坡、岩缝及墙缝。

A387 列当科 Orobanchaceae
滇列当 *Orobanche yunnanensis*

二年或多年生矮小寄生草本，全株密被腺毛。茎直立，不分枝，基部常膨大。叶卵状披针形。花序穗状，短圆柱状；花冠常肉红色。

生于海拔 2200 ～ 3400 m 的山坡及石砾处。

狐尾马先蒿 *Pedicularis alopecuros*

一年生草本。叶披针形至线状披针形，羽状半裂至深裂。穗状花序生于茎枝顶端；萼斜坛状卵形，密被长柔毛；花冠两色，管唇黄色，盔紫红色。

生于海拔 2300 ～ 4000 m 的草地或灌丛。

康泊东叶马先蒿
Pedicularis comptoniifolia

多年生草本。叶革质，线形，羽状开裂。花序总状，生于茎枝之端；花冠深红色，管在萼口向前弯曲，上部渐扩大，盔与管的上部同一指向。

生于海拔 2400 ～ 3000 m 的干草坡、草滩。

A387 列当科 Orobanchaceae
舟形马先蒿 *Pedicularis cymbalaria*

一年或二年生草本。叶肾形，缘为羽状至掌状半裂至深裂。花成对散生于茎枝端之叶腋中；萼管状，密被短柔毛；花冠黄白色到淡紫红色。

生于海拔 3400 ~ 4000 m 的高山草地或灌丛。

密穗马先蒿 *Pedicularis densispica*

一年生直立草本。叶长卵形至卵状长圆形，被毛，羽状深裂至全裂。花序穗状顶生；花冠玫瑰色至浅紫色。蒴果卵形。

生于海拔 1880 ~ 4400 m 的阴坡、林下及湿润草地。

中国纤细马先蒿
Pedicularis gracilis subsp. *sinensis*

一年生草本。叶常 3 ~ 4 轮生，卵状长圆形，羽状全裂。花序总状，4 花成轮；花冠粉紫色，盔稍膨大；柱头伸出。蒴果。

生于海拔 2500 ~ 4000 m 的高山草坡。

A387 列当科 Orobanchaceae

拉氏马先蒿 *Pedicularis labordei*

　　多年生草本。具根状茎。茎叶密生白色长毛。花序近头状，苞片叶状；花冠紫红色；花萼 5 齿裂，有锯齿。蒴果具宿存萼。

　　生于海拔 2800 ～ 3500 m 的高山草地。

梅氏马先蒿 *Pedicularis mairei*

　　多年生草本。叶革质，羽状全裂，线形。总状花序；花冠紫色，在萼管喉部向前弓曲，盔与管等长而取同一指向，额部略有鸡冠状凸起。

　　生于海拔 1700 ～ 2400 m 的干燥山坡及草地。

尖果马先蒿 *Pedicularis oxycarpa*

　　多年生草本，疏被短柔毛。茎中空，具棱角。叶互生，羽状全裂。总状花序；花冠白色，喙紫色。蒴果基部为宿萼所斜包。

　　生于海拔 2800 ～ 4000 m 的高山草地。

A387 列当科 Orobanchaceae
大王马先蒿 *Pedicularis rex*

　　多年生草本。叶轮生，羽状全裂；叶柄膨大，于同轮中互相结合成斗状体。花无梗；花冠黄色，二唇形。蒴果先端具喙。

　　生于海拔 2500 ～ 4300 m 的山坡草地、稀疏针叶林。

丹参花马先蒿 *Pedicularis salviiflora*

　　多年生草本。叶卵形或长圆状披针形，羽状深裂或全裂。总状花序；花萼长管状钟形，裂片上部膨大叶状具萼齿；花冠蓝紫色，被疏毛。

　　生于海拔 2000 ～ 3990 m 的草坡、林缘和溪边。

史氏马先蒿 *Pedicularis smithiana*

　　多年生草本，直立。茎单生，中空。基生叶早落；茎生叶 3 ～ 4 轮生，纸质，卵状长圆形，边缘羽状半裂。穗状花序顶生，伸长；花冠淡黄色。

　　生于海拔 3000 ～ 4000 m 的高山草地及灌丛中。

A387 列当科 Orobanchaceae

黑毛狭盔马先蒿
Pedicularis stenocorys subsp.
melanotricha

草本。茎深紫色，被白色长毛。叶长圆状披针形至卵状长圆形，羽状全裂。穗状花序；花萼被白色长毛；花冠紫红色，具深紫色斑点。

生于海拔 3900 m 左右的高山草地或灌丛。

大海马先蒿 *Pedicularis tahaiensis*

草本。叶卵形，羽状深裂而近于全裂，缘有深锯齿。总状花序；花冠紫红色，喙细长，指向下方，下唇裂片 3，中裂片微凹。

生于海拔 3000 ~ 4000 m 的高山草地。

药山马先蒿 *Pedicularis yaoshanensis*

多年生矮生丛状草本。叶卵状长圆形，边缘羽状半裂至深裂；具长柄。花 1 ~ 4 腋生，具花梗；花梗密被长柔毛；花萼钟状；花紫红色，管极长。

生于海拔 3600 ~ 3700 m 的潮湿处。

A387 列当科 Orobanchaceae

松蒿 *Phtheirospermum japonicum*

一年生草本，被腺毛。叶对生，一回羽状全裂。萼齿5；花冠紫红色，二唇形，外被柔毛；雄蕊4，二强。蒴果卵珠形。

生于海拔 1500～2600 m 的山坡灌丛。

细裂叶松蒿
Phtheirospermum tenuisectum

多年生草本，全株密被腺毛。叶对生，二回至三回羽状全裂，小裂片条形。花冠黄色，筒状，裂片成二唇形；雄蕊内藏。蒴果卵形。

生于海拔 1500～3000 m 的山坡灌丛和草地。

毛萼翅茎草 *Pterygiella trichosepala*

多年生直立草本，全株被粗柔毛。茎四棱，几乎不分枝。叶交互对生。总状花序；花萼宽钟状，花冠黄色。蒴果，种子多数。

生于海拔 1575～2600 m 的灌丛。

A387 列当科 Orobanchaceae
阴行草 *Siphonostegia chinensis*

　　一年生草本，密被锈色短毛。叶对生，二回羽状全裂。花对生于茎枝上部，具1对小苞片；花冠上唇红紫色，下唇黄色。蒴果。

　　生于海拔 800 ～ 3400 m 的山坡、草地。

丁座草 *Xylanche himalaica*

　　草本。常仅有1直立的茎，茎不分枝，肉质。叶宽三角形、三角状卵形至卵形。花序总状；花萼浅杯状，花冠黄褐色或淡紫色。

　　生于海拔 2500 ～ 3800 m 的林下潮湿处或灌丛中。

A391 青荚叶科 Helwingiaceae
青荚叶 *Helwingia japonica*

　　落叶灌木。叶纸质，卵形、卵圆形，边缘具刺状细锯齿。花淡绿色，常着生于叶上面中脉的 1/3 ～ 1/2 处，稀着生于幼枝上部。浆果成熟后黑色。

　　生于海拔 3300 m 以下的林中。

A392 冬青科 Aquifoliaceae
薄叶冬青 *Ilex fragilis*

落叶灌木或小乔木。小枝具长短枝之分。叶在长枝上互生，在短枝上丛生于枝顶。雌雄异株；雄花序为聚伞花序；雌花单花。果扁球形，熟时红色。

生于海拔 2200 ～ 3000 m 的山地疏林、阔叶林或灌丛中。

A394 桔梗科 Campanulaceae
细萼沙参
Adenophora capillaris subsp. *leptosepala*

草本。叶卵状菱形，边缘有锯齿。圆锥花序多分枝；萼齿纤细，线形，平展，常具小齿；花冠狭钟状，淡天蓝色；花柱常伸出花冠。

生于海拔 2000 ～ 3600 m 的林下、林缘草地、草丛。

天蓝沙参 *Adenophora coelestis*

多年生草本。叶卵状菱形至条状披针形，边缘有锯齿，被毛。总状花序；萼片披针形，边缘具齿；花冠钟状，蓝色或蓝紫色。蒴果。

生于海拔 1200 ～ 4000 m 的林下、林缘、草地。

A394 桔梗科 Campanulaceae

云南沙参 *Adenophora khasiana*

多年生草本。单叶互生，边缘有锯齿，被毛。圆锥花序开展，分枝上升；花冠狭漏斗状钟形，淡紫色或蓝色；花柱常伸出。蒴果。

生于海拔 1000 ~ 2800 m 的杂木林、灌丛或草丛。

球果牧根草 *Asyneuma chinense*

多年生草本。茎被硬毛。单叶互生，卵形至披针形，边缘具锯齿，被白色硬毛。穗状花序；花紫色或鲜蓝色。蒴果球状。

生于海拔 3000 m 以下的山坡草地、林缘、林中。

钻裂风铃草 *Campanula aristata*

草本。基生叶卵圆形；茎中下部叶披针形，中上部条形。花萼筒部狭长，裂片丝状，常比花冠长；花冠蓝色或蓝紫色。

生于海拔 3500 m 以上的草丛、灌丛。

A394 桔梗科 Campanulaceae

灰毛风铃草 *Campanula cana*

草本，植株通常铺散成丛，少上升。叶菱形，背面密被白色毡毛。聚伞花序或单花；花萼筒部密被细长硬毛，裂片狭三角形；花冠蓝紫色。

生于海拔 1800 ～ 2800 m 的石灰岩岩缝。

流石风铃草 *Campanula crenulata*

草本。基生叶肾形；茎生叶下部匙形，上部宽条形。单花顶生；花萼筒部倒圆锥状，裂片钻状三角形；花冠蓝紫色，钟状。

生于海拔 3500 m 以上的草甸、灌丛和岩缝。

西南风铃草 *Campanula pallida*

多年生草本。单叶，椭圆形至矩圆形，被毛。聚伞花序或单花；花紫色至蓝色，管状钟形；花萼倒圆锥状。蒴果倒锥状。

生于海拔 1000 ～ 4000 m 的石灰岩山地。

A394 桔梗科 Campanulaceae

管钟党参 *Codonopsis bulleyana*

　　草本。茎密被柔毛。叶心形、阔卵形或卵形。花单生于主茎顶端，呈花葶状，花微下垂；花萼裂片卵形，反卷；花冠蓝紫色，管状钟形，浅裂。

　　生于海拔 3300 ～ 4200 m 的山地草坡、灌丛。

管花党参 *Codonopsis tubulosa*

　　多年生蔓生草本，有乳汁。叶对生或互生。单花顶生；花萼贴生至子房中部；花冠管状，黄绿色。蒴果。种子卵状。

　　生于海拔 1900 ～ 3000 m 的山地灌木林、草丛。

胀萼蓝钟花 *Cyananthus inflatus*

　　草本。叶互生，菱形。花常单生茎顶；花萼坛状，下部膨大，外面密生锈色柔毛，披针状三角形；花冠淡蓝色，筒状钟形，内面喉部密生柔毛。

　　生于海拔 1900 ～ 3200 m 的山坡灌丛和草坡。

A394 桔梗科 Campanulaceae
大萼蓝钟花 *Cyananthus macrocalyx*

多年生草本。叶片菱形。花单生茎端，花萼显著膨大，裂片长三角形，花冠黄色，下部紫色，筒状钟形，内面喉部密生柔毛。

生于海拔 3500 m 以上的草甸、灌丛和岩缝。

江南山梗菜 *Lobelia davidii*

多年生草本，具白色乳汁。叶缘有小齿。花序总状；花萼裂片 5，边缘有小齿；花冠紫红色，近二唇形；子房下位。蒴果。

生于海拔 2300 m 左右的山地林边、沟边。

鸡蛋参（辐冠参）
Pseudocodon convolvulaceus

蔓生或缠绕草本，无毛，具乳汁。根球形或卵球形。叶互生或近对生，卵形至披针形，全缘；叶柄明显。花常单生分枝顶端，蓝色。蒴果。

生于海拔 1000 ～ 3000 m 的草坡、灌丛。

A394 桔梗科 Campanulaceae

松叶鸡蛋参 *Pseudocodon graminifolius*

蔓生或缠绕草本。茎短。叶常密集茎中下部，条形。花单生于主茎及侧枝顶端；花冠辐射状而近 5 全裂，裂片椭圆形，蓝紫色。

生于海拔 3000 m 以下的草地、松林。

A403 菊科 Compositae

心叶兔儿风 *Ainsliaea bonatii*

多年生草本。叶基生莲座状，纸质，圆形至阔卵形，基部心形。头状花序具 3 花，总苞圆筒形，边缘带紫红色。瘦果圆柱形。

生于海拔 1200 ～ 1950 m 的山坡林下和灌丛中。

云南兔儿风 *Ainsliaea yunnanensis*

多年生草本。叶基生，密集，莲座状，卵形，被毛。头状花序具 3 花，偏于花序轴一侧；花淡红色，全两性。瘦果近纺锤形。

生于海拔 1700 ～ 2700 m 的林下、林缘、山坡草地。

A403 菊科 Compositae

多花亚菊 *Ajania myriantha*

多年生草本。茎枝疏被柔毛。叶二回羽状分裂，叶面无毛，叶背密被柔毛。头状花序，边缘雌花细管状，中央两性花管状。瘦果。

生于海拔 2250～3600 m 的山坡、河谷。

黄腺香青
Anaphalis aureopunctata

一年生草本。叶宽匙状椭圆形，常被密绵毛。头状花序多数或极多数，总苞在雄株顶端宽圆形，在雌株顶端钝或稍尖。瘦果。

生于海拔 1700～3600 m 的林下、林缘、草地、河谷、石砾地。

粘毛香青 *Anaphalis bulleyana*

一年或二年生草本。茎、叶、总苞片外层均被长绵毛及锈褐色黏毛。叶倒卵圆形。头状花序多数，总苞倒卵圆状，下部浅黄色。瘦果。

生于海拔 1600～3300 m 的亚高山阴湿坡地、低山草地。

A403 菊科 Compositae

珠光香青 *Anaphalis margaritacea*

亚灌木状草本。茎被毛。单叶互生，线形或线状披针形，两面被毛。头状花序排成复伞房状花序，总苞宽钟状，白色。瘦果。

生于海拔 1600 ～ 3400 m 的亚高山或低山草地、石砾地、山沟。

尼泊尔香青 *Anaphalis nepalensis*

多年生草本。茎被白色密绵毛。茎生叶单叶互生，长圆形至倒披形，两面被毛。头状花序组成伞房状，苞片内层白色。瘦果。

生于海拔 3000 m 以上的高山或亚高山草地、林缘、沟边。

牡蒿 *Artemisia japonica*

多年生草本。茎、枝被微柔毛。基生叶与茎下部叶倒卵形，羽状裂，上部叶浅裂或不裂。穗状或总状花序。瘦果倒卵圆形。

生于海拔 3300 m 以下的林缘、疏林、灌丛、山坡。

A403 菊科 Compositae
野艾蒿 *Artemisia umbrosa*

多年生草本，有清香味。叶二回羽状全裂，下面被灰白色密绵毛。头状花序排成复穗状花序，花冠檐部紫红色。瘦果长卵形或倒卵形。

生于中低海拔地区的林缘、山坡、草地、山谷、灌丛。

毛莲蒿 *Artemisia vestita*

半灌木状草本，植株有浓烈的香气。叶二回栉齿状羽状分裂，第一回全裂，裂片楔形，第二回为深裂，近椭圆形。头状花序排成总状花序。

生于海拔 1800 m 以下的干旱山坡和灌丛。

三脉紫菀 *Aster ageratoides*

多年生草本。单叶互生，宽卵圆形至披针形，两面被毛。头状花序排成伞房花序；舌状花线状，紫色至白色；管状花黄色。瘦果。

生于海拔 1300 ～ 3350 m 的林下、林缘、灌丛、山谷。

A403 菊科 Compositae

小舌紫菀 *Aster albescens*

灌木。叶卵圆形至披针形，基部楔形。头状花序排列成复伞花序，总苞倒锥状；舌状花白色至紫红色。瘦果长圆形。

生于海拔 1800～2800 m 的林下、灌丛。

椭叶小舌紫菀
Aster albescens var. *limprichtii*

灌木。叶椭圆形或长圆形，先端急尖或钝，基部宽楔形或圆。头状花序排列成复伞花序，总苞倒锥状，覆瓦状排列；舌状花白色。瘦果。

生于海拔 2400～3100 m 的林下、灌丛。

丽江紫菀 *Aster likiangensis*

多年生草本。莲座状叶丛丛生，叶倒卵圆形，近全缘。头状花序在茎端单生；舌状花蓝紫色；管状花上部紫褐色，裂片外面疏被短腺毛。

生于海拔 3500～4200 m 的高山草甸、坡地、河谷、泥炭沼泽地。

A403 菊科 Compositae

石生紫菀 *Aster oreophilus*

　　多年生草本。叶全缘，被密或疏短糙毛。头状花序伞房状排列，稀在茎顶端单生；舌状花蓝紫色，冠毛带红色或污白色。瘦果。

　　生于海拔 2300 ～ 4000 m 的亚高山针叶林、坡地、山坡。

鬼针草 *Bidens pilosa*

　　一年生草本。中部叶三出复叶，小叶椭圆形至卵状椭圆形，边缘有齿，上部叶 3 裂。头状花序，总苞基部被短柔毛；花白色。瘦果。

　　生于中低海拔的村旁、路边、荒地。

白花鬼针草
Bidens pilosa var. *radiata*

　　一年生草本。中部叶三出复叶，小叶常为 3。头状花序，总苞苞片条状匙形；舌状花舌片椭圆状倒卵形，白色。瘦果。

　　生于中低海拔的村旁、路边、荒地。

A403 菊科 Compositae

烟管头草 *Carpesium cernuum*

多年生草本。单叶互生，匙状长椭圆形，边缘具齿，两面被毛和腺点。头状花序，总苞壳斗状，苞片反折；雌花狭筒状。瘦果。

生于海拔 1800 ～ 2800 m 的路边荒地、山坡、沟边。

绵毛天名精

Carpesium nepalense var. *lanatum*

多年生草本。全株被白色绵毛，茎尤密。中部叶椭圆形或椭圆状披针形。头状花序径 1.2 ～ 2 cm，苞片锐尖；花冠有时疏被柔毛。

生于海拔 1800 ～ 2600 m 的灌丛和草坡。

粗齿天名精 *Carpesium trachelifolium*

多年生草本。中下部叶卵状披针形，上部叶披针形，边缘具疏齿。头状花序排成总状花序；舌状花无，管状花黄色。

生于海拔 2000 ～ 2500 m 的山谷、林下。

A403 菊科 Compositae

毛叶甘菊

Chrysanthemum lavandulifolium var. *tomentellum*

多年生草本。叶长椭圆形或长卵形，二回羽状分裂，下面被稠密的长或短柔毛。头状花序排成复伞房花序；舌状花黄色，舌片椭圆形。

生于海拔 1600 ～ 2800 m 的山坡、岩石、河谷、荒地。

两面刺 *Cirsium chlorolepis*

多年生草本。茎枝被毛。单叶互生，羽状裂，边缘和叶两面有针刺。头状花序下垂，总苞片镊合状排列；花红紫色。瘦果。

生于海拔 1300 ～ 3000 m 的林缘、山坡草地。

刺苞蓟 *Cirsium henryi*

多年生草本。叶披针形，羽状深裂，侧裂片三角形，边缘具刺。头状花序排成伞房花序，苞片镊合状排列；小花紫色。

生于海拔 2700 ～ 3500 m 的草甸。

A403 菊科 Compositae
马刺蓟 *Cirsium monocephalum*

多年生草本。中部茎叶长椭圆形，羽状深裂，侧裂片披针形，边缘有三角形刺齿。头状花序排成伞房状花序，苞片线状钻形；小花白色或淡黄色。

生于海拔 2800 m 左右的山坡林缘、林下、灌丛。

箭叶垂头菊
Cremanthodium sagittifolium

多年生草本。叶革质，亮绿色，箭形。头状花序单生，下垂，辐射状；舌状花黄色，舌片披针形；管状花黄色，多数。

生于海拔 3360 ~ 4200 m 的高山草地。

乌蒙山垂头菊
Cremanthodium wumengshanicum

多年生草本。茎自叶腋抽出，常呈花葶状。叶肾形。头状花序单生，头下苞片 10 ~ 14；舌状花淡黄色，卵状披针形；管状花黄色。

生于海拔约 4200 m 的轿顶崖壁上。

A403 菊科 Compositae

刚毛厚喙菊 *Dubyaea blinii*

多年生草本。叶几全部基生，倒
披针形，被紫色稠密的长刚毛。头状
花序排成紧密的圆锥状花序；舌状小
花黄色。

生于海拔 1200 ～ 2500 m 的河谷、
荒坡。

显脉羊耳菊 *Duhaldea nervosa*

多年生草本。单叶互生，椭圆形
至披针形，中部以上有锯齿，两面被
毛。头状花序，舌状花白色，管状花
黄色或橙黄色。瘦果。

生于海拔 1200 ～ 2100 m 的杂木
林下、草坡、湿润草地。

异叶泽兰 *Eupatorium heterophyllum*

多年生草本。叶对生，单叶或
3 裂，具腺点和柔毛，边缘有圆钝齿。
头状花序于茎枝顶端排成复伞房花序；
花白色或微带红色。瘦果。

生于海拔 1700 ～ 3000 m 的山坡
林下、林缘、草地、河谷。

A403 菊科 Compositae
菊三七 *Gynura japonica*

多年生草本。根粗大成块状。叶互生，羽状分裂。头状花序排成伞房状圆锥花序；花冠橙黄色。瘦果，冠毛丰富，白色。

生于海拔 1200～3000 m 的山谷、山坡草地、林下、林缘。

狗头七 *Gynura pseudochina*

多年生草本。根肥大成块状。叶密集茎基部，莲座状，倒卵形、匙形或椭圆形。头状花序；小花黄或红色。瘦果圆柱形。

生于海拔 1500～2400 m 的山坡沙质地、林缘、路旁。

三角叶须弥菊 *Himalaiella deltoidea*

多年生草本。叶倒三角形至椭圆披针形，表面覆柔毛，边缘有锯齿。头状花序于茎枝端，总苞片多层；花紫色或红色。瘦果。

生于海拔 800～3400 m 的山坡、草地、林下、灌丛。

A403 菊科 Compositae

川滇女蒿 *Hippolytia delavayi*

多年生草本。基生叶长椭圆形，二回羽状分裂，一回侧裂片深裂，末回裂片三角状披针形。头状花序在茎顶排成束状伞房花序；小花黄色。

生于海拔 3300 ～ 4000 m 的高山草甸。

多色苦荬
Ixeris chinensis subsp. *versicolor*

多年生草本。茎低矮。基生叶匙状长椭圆形。头状花序多数，在茎枝顶端排成伞房花序或伞房圆锥花序；舌状小花黄色。

生于海拔 1400 ～ 3000 m 的山坡草地、林缘、灌丛和岩缝。

菊状千里光 *Jacobaea analoga*

多年生草本。具茎叶，基生叶具长柄。头状花序顶生，总苞钟状，外苞片线状钻形；舌状花和管状花均黄色，花柱顶端截形。瘦果。

生于海拔 1100 ～ 3750 m 的林下、林缘、开旷草坡。

A403 菊科 Compositae

裸茎千里光 *Jacobaea nudicaulis*

多年生草本。基生叶莲座状，倒卵形或匙形。头状花序；舌状花舌片黄色，长圆形；管状花多数，花冠黄色。瘦果圆柱形。

生于海拔 1500 ～ 1850 m 的林下、草坡。

六棱菊 *Laggera alata*

多年生草本。叶长圆形或匙状长圆形，边缘有疏细齿。头状花序下垂，总苞近钟形；花淡紫色，雌花花冠丝状，两性花花冠管状。瘦果。

生于海拔 2300 m 以下的旷野、路旁、山坡阳处。

艾叶火绒草

Leontopodium artemisiifolium

木质草本。叶长披针形，下面被白色绒毛。苞叶披针形，两面被白色密绒毛。雄花花冠管状漏斗状，有披针形裂片；雌花花冠丝状，冠毛白色。

生于海拔 1000 ～ 3000 m 的亚高山草坡、多石山坡。

A403 菊科 Compositae
美头火绒草
Leontopodium calocephalum

多年生草本。茎上部被白色棉状绒毛。叶线状披针形。苞叶从鞘状宽大的基向上渐狭，被白色厚绒毛。总苞被白色柔毛；花冠长 3～4 mm。

生于海拔 2800～3800 m 的高山和亚高山的草甸、灌丛、冷杉林。

戟叶火绒草 *Leontopodium dedekensii*

多年生草本，全株被毛。单叶互生，线形，边缘波状，基部心形或箭形。头状花序；雄花花冠漏斗状，雌花花冠丝状。瘦果。

生于海拔 1400～3500 m 的高山和亚高山的针叶林、灌丛、草地。

华火绒草 *Leontopodium sinense*

多年生草本。中部叶长圆状线形，有小耳，被毛。头状花序被白色茸毛；雌雄异株；雄花少数，雄花花冠管漏斗状，雌花花冠丝状。瘦果。

生于海拔 2000～3100 m 的亚高山草地、草甸、灌丛、针叶林。

A403 菊科 Compositae

隐舌橐吾 *Ligularia franchetiana*

　　多年生草本。丛生叶与茎下部叶
肾形，边缘具齿。复伞房状聚伞花序
分枝开展；头状花序多数，盘状，小
花黄色；舌状花 1 或无。

　　生于海拔 3000 m 以上的潮湿山
坡、冷杉林下、杜鹃灌丛。

莲叶橐吾 *Ligularia nelumbifolia*

　　多年生草本。丛生叶和茎下部叶
肾形。复伞房状聚伞花序开展，分枝
极多，叉开，黑紫红色；头状花序多
数，盘状，小花 6 ～ 8。

　　生于海拔 3000 ～ 3900 m 的溪边、
冷杉林下、杜鹃灌丛。

大花毛鳞菊 *Melanoseris atropurpurea*

　　多年生草本。基生叶椭圆形，羽
状深裂至全裂。头状花序排成稀疏总
状花序，舌状花蓝色至蓝紫色，总苞
覆瓦状排列。瘦果倒披针形。

　　生于海拔 3200 m 以上的山坡灌
丛和草坡。

A403 菊科 Compositae

细莴苣 Melanoseris graciliflora

多年生草本。茎上部圆锥状花序分枝。茎叶大头羽状全裂。头状花序多数，在茎枝顶端排成圆锥状花序，含 3 舌状小花；舌状小花蓝紫色。

生于海拔 2800 ～ 3500 m 的山坡灌丛及林缘。

鹤庆毛鳞菊 Melanoseris hirsuta

多年生草本。茎单生直立，被腺毛。叶基部下沿成翅状，被毛，边缘具齿。头状花序排成总状花序；舌状小花黄色。瘦果黑色或褐色。

生于海拔 1700 ～ 3000 m 的草地、路边或岩石下。

圆舌粘冠草 Myriactis nepalensis

多年生草本。叶互生。头状花序呈半球形，总苞 2 ～ 3 层，外被微柔毛；雌花舌状；两性花管状，顶端 4 齿裂。瘦果无冠毛。

生于海拔 1250 ～ 3400 m 的林缘、林下、灌丛。

A403 菊科 Compositae
栌菊木 *Nouelia insignis*

灌木或小乔木。叶厚纸质，长圆形或近椭圆形。头状花序直立，单生，无梗，舌片展开时直径可达 5 cm；花两性，白色。

生于海拔 1400 ～ 2000 m 的沟谷、林缘和悬崖边。

蒙自大丁草 *Oreoseris henryi*

多年生草本。叶基生，厚纸质，卵形。花葶被蛛丝状绵毛；头状花序单生其顶；雌花舌状，粉红色；两性花钟状，二唇形。瘦果。

生于海拔 1800 ～ 2800 m 的林缘、荒坡、针叶林。

宽叶拟鼠麹草
Pseudognaphalium adnatum

粗壮草本。中部及下部叶长圆形，近革质，被白色绵毛。花序头状，总苞近球形；雌花多数；两性花较少。瘦果圆柱形。

生于海拔 2500 ～ 3000 m 的山坡、路旁、灌丛。

A403 菊科 Compositae
秋拟鼠麴草
Pseudognaphalium hypoleucum

粗壮草本。下部叶线形，被白色绵毛。头状花序多数，花黄色，总苞球形；雌花多数，花冠丝状；两性花较少数，花冠管状。瘦果。

生于海拔 1300～3000 m 的林下、山坡草地、路边和村旁荒地。

狮牙草状风毛菊
Saussurea leontodontoides

多年生草本。叶莲座状，线状长椭圆形，羽状全裂，侧裂片有小尖头。头状花序单生于莲座状叶丛中或莲座状之上；小花紫红色。

生于海拔 3300 m 以上的砾石地、草地、林缘、灌丛。

东俄洛风毛菊 *Saussurea pachyneura*

多年生草本。基生叶莲座状，紫红色，叶片长椭圆形或倒披针形，羽状全裂；有叶柄。头状花序单生茎端；小花紫色。

生于海拔 3300 m 以上的山坡、灌丛、草甸、流白滩。

A403 菊科 Compositae

凉山千里光 *Senecio liangshanensis*

多年生草本。茎单生，直立。中部茎叶狭三角形，具狭翅。头状花序盘状，多数，排列成较密集的顶生伞房状花束；小花全部管状，花冠黄色。

生于海拔 2600 ～ 3400 m 的高山草地、林下。

金沙绢毛苣 *Soroseris gillii*

多年生草本，具乳汁。茎短或近无茎。叶倒披针形至狭长椭圆形，羽状深裂至浅裂。头状花序多数密集，总苞狭圆柱形；小花舌状，黄色。

生于海拔 3500 m 以上的亚高山草甸、灌丛和岩缝。

昆明合耳菊 *Synotis cavaleriei*

多年生草本。叶基生，近莲座状，倒卵形或倒披针形，被毛。头状花序辐射状，总苞狭钟形；舌状花，舌片黄色，花冠黄色。瘦果。

生于海拔 1700 ～ 3000 m 的山坡多岩石处、溪边、灌丛。

A403 菊科 Compositae

锯叶合耳菊 *Synotis nagensium*

　　亚灌木。叶倒披针状椭圆形，背面被密白色绒毛。头状花序具异形小花，盘状或不明显辐射状，苞片常线形；舌状花黄色，丝状；管状花黄色。

　　生于海拔 1600 ~ 2000 m 的森林、灌丛、草地。

厚绒黄鹌菜 *Youngia fusca*

　　多年生草本。全部茎枝被褐色绒毛。基生叶倒披针形，羽状浅裂；上部茎叶线形或钻形或苞片状，不分裂。头状花序小；舌状小花黄色。

　　生于海拔 2000 ~ 3500 m 的石灰岩山地。

多花百日菊 *Zinnia peruviana*

　　一年生草本。茎被毛。叶披针形或狭卵状披针形，基部圆形半抱茎。头状花序排列成伞房状圆锥花序；舌状花红色，舌片椭圆形；管状花黄色。

　　生于海拔 1800 m 以下的山坡、草地、路边。

A408 五福花科 Adoxaceae

血满草 *Sambucus adnata*

多年生草本。根茎有红色汁液。羽状复叶；小叶长椭圆形至披针形。聚伞花序顶生；花白色，恶臭。浆果圆形，红色。

生于海拔 1600～3600 m 的林下、灌丛、高山草地。

接骨草 *Sambucus javanica*

高大草本至亚灌木。奇数羽状复叶，对生；小叶披针形。复伞形花序顶生；花冠白色，基部联合。核果浆果状，红色。

生于海拔 700～2600 m 的林下、草丛。

蓝黑果荚蒾 *Viburnum atrocyaneum*

常绿灌木。叶革质，卵形至卵状披针形，边缘具小尖齿。聚伞花序，花梗及辐射枝水红色；花冠白色，辐射状。核果蓝黑色。

生于海拔 1900～3200 m 的山坡、灌丛。

A408 五福花科 Adoxaceae

桦叶荚蒾 *Viburnum betulifolium*

落叶灌木。叶坚纸质，宽卵形至菱状卵形，顶端渐尖，边缘具浅波状齿。复伞形聚伞花序顶生；花冠白色，辐射状。核果红色。

生于海拔 1300～3100 m 的山坡、灌丛。

漾濞荚蒾 *Viburnum chingii*

常绿灌木。叶亚革质，边缘有钝或尖的锯齿。圆锥花序顶生；花冠白色，漏斗状；雄蕊与花冠筒约等长。核果倒卵状球形，红色。

生于海拔 2000～3200 m 的山谷密林中。

密花荚蒾 *Viburnum congestum*

常绿灌木。茎干具皮孔。叶革质，椭圆状卵形，全缘。聚伞花序；萼筒筒状，无毛；花冠白色，钟状漏斗形；雄蕊与花冠约等长。核果。

生于海拔 1000～2800 m 的林缘、灌丛。

A408 五福花科 Adoxaceae

水红木 *Viburnum cylindricum*

常绿灌木。单叶对生，革质，椭圆形至卵状矩圆形，叶背生腺点。聚伞花序顶生；花冠白色或有红晕，钟状。核果卵圆形。

生于海拔 700～3300 m 的阳坡疏林、灌丛。

A409 忍冬科 Caprifoliaceae

裂叶翼首花 *Bassecoia bretschneideri*

多年生草本。叶丛生成莲座状，基部对生，狭长圆形，羽状深裂。头状花序单生花葶顶端；花冠淡粉色至紫红色。瘦果。

生于海拔 1600～3400 m 的石缝、林下草坡。

川续断 *Dipsacus asper*

多年生草本。茎具棱。基生叶琴状羽裂；中下部叶羽状深裂，上部叶不裂或基部 3 裂。头状花序；花冠淡黄色或白色，雄蕊明显超出花冠。

生于海拔 1000～3000 m 的沟边、草丛、林缘。

A409 忍冬科 Caprifoliaceae

鬼吹箫 *Leycesteria formosa*

灌木，被毛。单叶对生，纸质。轮伞花序合成穗状花序，顶生或腋生，苞片叶状；萼裂片 5；花冠粉红色，漏斗状。浆果。

生于海拔 1100 ～ 3300 m 的山谷、林缘中。

蓪梗花 *Linnaea uniflora*

落叶灌木。幼枝红褐色，被短柔毛。叶革质，卵形。聚伞花序生侧枝上部叶腋；萼檐 2 裂；花冠粉红色，狭钟形，5 裂。

生于海拔 1600 ～ 2000 m 的林缘、草坡、山谷。

云南双盾木 *Linnaea yunnanensis*

灌木。幼枝被柔毛。叶对生，疏生微柔毛。伞房状聚伞花序生短枝叶腋；苞片 2，小苞片 4；花冠白色，钟形。蒴果包藏于宿存增大的苞片内。

生于海拔 880 ～ 2400 m 的山坡灌丛中。

A409 忍冬科 Caprifoliaceae
理塘忍冬 *Lonicera litangensis*

落叶灌木。叶纸质，宽椭圆形至倒卵形，顶端具微凸尖。花叶同时开放。双花常对生于短枝叶腋；花冠黄色，筒状；花柱稍伸出。

生于海拔 3000～4200 m 的灌丛、林缘。

袋花忍冬 *Lonicera saccata*

落叶灌木。叶纸质，倒卵形，两面被糙伏毛。总花梗生幼枝基部叶腋，苞片叶状；花冠黄色，筒状漏斗形；花柱伸出。浆果红色。

生于海拔 2800～4200 m 的杜鹃林、冷杉林。

白花刺续断 *Morina alba*

多年生草本。基生叶线状披针形，边缘具疏刺毛。总苞苞片坚硬，长卵形，边缘具黄色硬刺；假头状花序顶生；花萼全绿色，花冠白色。

生于海拔 3000～4000 m 的山坡草甸、林下。

A409 忍冬科 Caprifoliaceae

匙叶甘松 *Nardostachys jatamansi*

　　多年生草本，具烈香。叶丛生，长匙形，全缘。顶生聚伞形头状花序，小苞片 2；花冠紫红色，钟形。瘦果倒卵形，被毛。

　　生于海拔 2600 m 以上的山地灌丛、草地。

墓头回 *Patrinia heterophylla*

　　多年生草本。根近横生。叶对生，线状披针形。顶生伞房状聚伞花序，被短糙毛；花冠钟形，黄色；雄蕊 4，2 长 2 短。瘦果长圆形。

　　生于海拔 800 ～ 2600 m 的岩缝、草丛。

穿心莛子蔍 *Triosteum himalayanum*

　　多年生草本，密生具刺刚毛和腺毛。叶对生，基部连合，茎贯穿其中。轮伞花序呈穗状；花冠黄绿色或紫红色。核果红色。

　　生于海拔 2800 ～ 4100 m 的针叶林边、草地。

A409 忍冬科 Caprifoliaceae

蜘蛛香 *Valeriana jatamansi*

多年生草本。基生叶发达，心状圆形至卵状心形；茎生叶不发达。聚伞花序顶生；花白色至微红色。瘦果长卵形，两面被毛。

生于海拔 2000～2800 m 的山坡、草丛。

A413 海桐科 Pittosporaceae

短萼海桐 *Pittosporum brevicalyx*

常绿灌木。叶革质，倒卵状披针形，全缘，叶面深绿色，发亮。顶生圆锥花序；花淡黄色，极芳香；花冠分离；花柱短而无毛。蒴果卵圆形。

生于海拔 1600～2500 m 的林中。

A414 五加科 Araliaceae

异叶梁王茶 *Metapanax davidii*

灌木或乔木。叶为单叶，不分裂、掌状 2～3 浅裂或深裂。圆锥花序顶生；花白色或淡黄色，芳香，花瓣 5；花柱 2，合生至中部，上部离生。

生于海拔 1800～3000 m 的疏林、林缘和路边。

A416 伞形科 Umbelliferae

厚叶丝瓣芹 *Acronema crassifolius*

草本。叶纸质，三出式羽状分裂。伞形花序，伞辐通常不等长；花瓣紫红色，卵状披针形，顶端线性，具乳突状毛。分果卵形。

生于海拔 3600 ～ 4000 m 的玄武岩上。

龙血树柴胡 *Bupleurum dracaenoides*

灌木，株高 50 ～ 200 cm。叶纸质，聚集在茎的顶端，披针形。总苞片卵形；复伞形花序；花瓣淡黄色，倒卵形。分果长圆形。

生于海拔 2000 ～ 2700 m 的石灰岩悬崖上。

小柴胡 *Bupleurum hamiltonii*

二年生草本。根土黄色。叶无柄；长圆状披针形或线形，沿支脉边缘和末端有红棕色斑点。伞形花序小而多。果椭圆形，棕色。

生于海拔 1600 ～ 2900 m 的山坡草丛。

A416 伞形科 Umbelliferae

韭叶柴胡 *Bupleurum kunmingense*

多年生草本。基生叶多数，线形，无柄，抱茎；茎生叶稀少，线形，先端渐尖。复伞形花序；花瓣黄色。分果长圆形。

生于海拔约 2000 m 的多石灌丛中。

竹叶柴胡 *Bupleurum marginatum*

多年生高大草本。叶互生，革质或近革质，叶长披针形。复伞形花序多，小总苞片短于花柄；花瓣浅黄色。果长圆形，棕褐色。

生于海拔 750 ～ 2300 m 的山坡草地。

积雪草 *Centella asiatica*

多年生草本。茎匍匐，细长，节上生根。叶片膜质至草质，圆形、肾形或马蹄形。伞形花序梗 2 ～ 4，聚生于叶腋。果实两侧扁压，圆球形。

生于海拔 1900 m 左右的草地、水沟边。

A416 伞形科 Umbelllferae

白亮独活 *Heracleum candicans*

多年生草本，全株被白色柔毛或绒毛。茎中空，有棱槽。复伞形花序顶生或侧生，苞片线形；花白色；萼齿线形细小。果实倒卵形。

生于海拔 2000 ～ 4200 m 的山坡林下及路旁。

糙独活 *Heracleum scabridum*

多年生草本，被细刺毛。叶片卵形，二回羽状深裂。复伞形花序顶生和侧生；花瓣白色，二型。分果倒卵形或卵形，合生面油管 2。

生于海拔 1900 ～ 2700 m 的山坡草丛。

西藏棱子芹 *Hymenidium chloroleucum*

多年生草本，全株无毛。基生叶叶柄基部呈鞘状抱茎，叶二至三回羽状分裂。复伞形花序顶生；花白色，花瓣近圆形；花药暗紫色。果棱有狭翅。

生于海拔 3200 ～ 3800 m 的草坡上。

A416 伞形科 Umbelliferae

丽江棱子芹 *Hymenidium foetens*

多年生草本。茎、叶和花序常带紫色，有奇臭味。茎短缩，具粗糙毛。叶二至三回羽状分裂，裂片线形。顶生复伞形花序；花瓣紫红色。

生于海拔 3800 ~ 4000 m 的高山石质山坡。

毛藁本 *Ligusticopsis hispida*

多年生草本，全株被白色长毛。叶基生；叶柄基部扩大成鞘；叶片轮廓长圆状披针形，三回羽状全裂。复伞形花序，花序梗具白色长毛。

生于海拔 2600 ~ 4200 m 的草坡及石缝中。

多苞藁本 *Ligusticopsis involucrata*

多年生草本，全株被糙毛。叶卵形，羽状全裂，羽片 4 ~ 5 对，常具锯齿。复伞形花序顶生；花瓣白色；花药堇青色。分果。

生于海拔 1800 ~ 3000 m 的岩缝。

A416 伞形科 Umbelliferae

蕨叶藁本 *Ligusticum pteridophyllum*

多年生草本。茎中空，具细条纹。叶卵形，二回至三回羽状全裂。复伞形花序顶生或侧生；花瓣白色，先端具内折小舌片。分果椭圆形。

生于海拔 2400 ～ 3300 m 的林下、草坡。

卵叶水芹
Oenanthe javanica subsp. *rosthornii*

多年生草本。茎直立或匍匐。基生叶有叶柄，具鞘，叶片三角形，一回至二回羽状分裂，上部叶无柄。复伞形花序顶生；花瓣白色。

生于海拔 1000 ～ 2700 m 的浅水低洼地或池沼、水沟旁。

杏叶茴芹 *Pimpinella candolleana*

多年生草本。基生叶单叶，卵状心形，边缘有圆齿；茎生叶 3 ～ 5 深裂。复伞形花序；花白色。双悬果扁圆锥形，密生瘤状突起。

生于海拔 1350 ～ 3500 m 的灌丛、林下。

A416 伞形科 Umbelliferae

小窃衣 *Torilis japonica*

　　一年至多年生草本，被毛。叶一回至二回羽状分裂，疏生粗毛。复伞形花序；花白色、紫红色或蓝紫色。果实具钩状皮刺。

　　生于海拔 1600～3000 m 的荒地、林缘和路旁。

糙果芹 *Trachyspermum scaberulum*

　　多年生草本，被短糙毛。叶一回至二回羽状深裂，边缘有不规则的锯齿或缺刻。复伞形花序顶生或侧生；花白色。果实卵圆形或圆心形。

　　生于海拔 1600～2600 m 的灌丛和草地。

参 考 文 献

包士英, 毛品一, 苑淑秀. 1998. 云南植物采集史略[M]. 北京: 中国科学技术出版社.

陈玉桥. 2006. 云南轿子山自然保护区土壤类型及分布规律初探[J]. 林业调查规划, 31(3): 59-62.

程捷, 刘学清, 高振纪, 等. 2001. 青藏高原隆升对云南高原环境的影响[J]. 现代地质, 15(3): 290-296.

董晓东. 1997. 云南大理苍山野生植物资源研究[J]. 湛江师范学院学报(自然科学版), (2): 86-90.

杜彦昌, 马建伟, 李安明, 等. 2007. 小陇山林区濒危植物领春木种群生命表分析[J]. 甘肃林业科技, 32(4): 9-12, 22.

郭勤峰. 1988. 滇中武定狮山植物区系地理的初步研究[J]. 云南植物研究, 10(2): 183-200.

和积鉴. 1992. 昆明种子植物要览[M]. 昆明: 云南大学出版社.

胡宗刚. 2018. 云南植物研究史略[M]. 上海: 上海交通大学出版社.

黄素华. 1981. 昆明地区种子植物名录(油印本)[M].

姜汉侨. 1980a. 云南植被分布的特点及其地带规律性[J]. 云南植物研究, 2(1): 22-32.

姜汉侨. 1980b. 云南植被分布的特点及其地带规律性[J]. 云南植物研究, 2(2): 142-151.

金振洲, 等. 1988. 昆明植被[M]. 昆明: 云南科技出版社.

昆明市林业局, 云南大学生态学与地植物学研究所. 1998. 昆明植被[M]. 昆明: 云南科技出版社.

李朝阳, 杜凡, 姚莹, 等. 2010. 轿子山自然保护区杜鹃群落植物多样性研究[J]. 西南林学院学报, 30(3): 34-38.

李朝阳, 刘恺, 陈勇. 2010. 昆明植被[J]. 山东林业科技, 40(2): 32-35.

李国昌, 孟广涛, 彭发寿, 等. 2010. 滇中紫溪山维管植物区系初步研究[J]. 林业勘查设计, (1): 65-69.

李海涛. 2008. 元江自然保护区种子植物区系研究[D]. 昆明: 西南林学院硕士学位论文.

李嵘, 孙航. 2017. 植物系统发育区系地理学研究: 以云南植物区系为例[J]. 生物多样性, 25(2): 195-203.

李锡文. 1995. 云南高原地区种子植物区系[J]. 云南植物研究, 17(1): 1-14.

李锡文. 1996. 中国种子植物区系统计分析[J]. 植物分类与资源学报, 18(4): 363-384.

马兴达. 2017. 云南绿汁江流域种子植物区系地理学研究[D]. 昆明: 云南大学硕士学位论文.

明庆忠, 童绍玉. 2017. 云南地理[M]. 北京: 北京师范大学出版社.

苏骅, 王平, 徐强. 2013. 滇中轿子山地区地貌结构与特征研究[J]. 云南地理环境研究, 25(3): 19-23.

王荷生. 2000. 中国植物区系的性质和各成分间的关系[J]. 云南植物研究, 22(2): 119-126.

王焕冲. 2009. 轿子雪山及周边地区种子植物区系地理研究[D]. 昆明: 云南大学硕士学位论文.

王焕冲. 2020a. 云南高原常见野生植物手册[M]. 北京: 高等教育出版社.

王焕冲. 2020b. 滇中地区野生植物识别手册[M]. 北京: 科学出版社.

王焕冲, 杨凤, 张荣桢 2022. 滇中地区种子植物名录[M]. 北京: 科学出版社.

王利松, 孔冬瑞, 马海英, 等. 2005. 滇中小百草岭种子植物区系的初步研究[J]. 云南植物研究, 27(2): 125-133.

吴根耀. 1992. 滇西北丽江-大理地区第四纪断裂活动的方式、机制及其对环境的影响[J]. 第四纪研究, 12(3): 265-276.

吴征镒. 1991. 中国种子植物属的分布区类型[J]. 云南植物研究, (S4): 1-178.

吴征镒, 路安民, 汤彦承, 等. 2003. 中国被子植物科属综论[M]. 北京: 科学出版社.

吴征镒, 孙航, 周浙昆, 等. 2010. 中国种子植物区系地理[M]. 北京: 科学出版社.

吴征镒, 周浙昆, 李德铢, 等. 2003. 世界种子植物科的分布区类型系统[J]. 植物分类与资源学报, 25(3): 535-538.

西南林学院, 云南省林业厅. 1988-1991. 云南树木图志(上、中、下)[M]. 昆明: 云南科技出版社.

杨杰, 杨唯, 杨飞, 等. 2008. 物种分布范围对云南地区杜鹃属植物物种多样性空间分布格局的影响[J]. 楚雄师范学院学报, 23(3): 46-53.

杨一光. 1991. 云南省综合自然区划[M]. 北京: 高等教育出版社.

叶文. 2017. 云南风景地理学[M]. 北京: 科学出版社.

尹志坚, 彭华. 2015. 大理苍山种子植物区系的研究[J]. 植物分类与资源学报, 37(3): 233-245.

云南省地质矿产局. 1990. 云南省区域地质志[M]. 北京: 地质出版社.

云南植被编写组. 1987. 云南植被[M]. 北京: 科学出版社.

张书东, 王红, 李德铢. 2008. 滇东北巧家药山种子植物名录[M]. 昆明: 云南科技出版社.

中国科学院昆明植物研究所. 1977-2006. 云南植物志(1-16卷)[M]. 北京: 科学出版社.

中国科学院昆明植物研究所. 1984. 云南种子植物名录(上、下册)[M]. 云南: 云南人民出版社.

中国科学院昆明植物研究所, 昆明市林业局. 2009. 云南轿子山自然保护区综合科学考察报告[R].

中国科学院植物研究所. 1972-1976. 中国高等植物图鉴(1-5册)[M]. 北京: 科学出版社.

中国科学院中国植物志编辑委员会. 1959-2004. 中国植物志(1-80卷)[M]. 北京: 科学出版社.

中国科学院《中国自然地理》编辑委员会. 1983. 中国自然地理: 植物地理(上)[M]. 北京: 科学出版社.

中国科学院《中国自然地理》编辑委员会. 1985. 中国自然地理: 总论[M]. 北京: 科学出版社.

朱维明. 1960. 昆明野生及习见栽培植物初步名录(油印本)[M].

朱维明. 1997. 梅里雪山及附近地区维管植物(油印本)[M].

APG IV. 2016. An update of the Angiosperm Phylogeny Group classification for the orders and families of flowering plants[J]. Botanical Journal of the Linnean Society, 181(1): 1-20.

Christenhusz M. J., Reveal J. L., Farjon A., et al. 2011. A new classification and linear sequence of extant gymnosperms[J]. Phytotaxa, 19(1): 55-70.

GBIF. 2022. The Global Biodiversity Information Facility. https://www.gbif.org [2022-04-05].

IPNI. 2022. International Plant Names Index. http://www.ipni.org [2022-4-5].

Mabberley D. J. 2017. Mabberley's Plant-Book: A Portable Dictionary of Plants, their Classification and Uses[M]. Cambridge: Cambridge University Press.

POWO. 2022. Plants of the World Online. http://www.plantsoftheworldonline.org [2022-4-5].

Stevens P. F. 2001. Angiosperm Phylogeny Website. Version 14. http://www.mobot.org/MOBOT/research/ APweb [2022-4-5].

Wu Z. Y., Ravan P. H. 1994-2013. Flora of China (Vol. 2-25)[M]. Beijing: Science Press & St. Louis: Missouri Botanical Garden.

中文名索引

D

拉丁名索引

S